ÉLÉMENS

DE MINERALOGIE

DOCIMASTIQUE,

Par M. SAGE,

De l'Académie Royale des Sciences.

A PARIS,

Chez P. DE LORMEL, Imprimeur-
Libraire de l'Académie Royale de
Musique, rue du Foin.

M. DCC. LXXII.

Avec Approbation & Privilege du Roi.

A MONSEIGNEUR

BERTIN,

GRAND TRÉSORIER,

COMMANDEUR DES ORDRES DU ROI,

MINISTRE ET SECRETAIRE D'ETAT,

Ayant le Département des Mines, &c. &c.

MONSEIGNEUR,

L'accueil que vous faites aux Découvertes utiles pour la Métallurgie, m'a déterminé à vous offrir ces Elémens

a ij

de *Minéralogie Docimaſtique* ; je vous en
dois l'hommage, ils ne pouvoient paroître
ſous de meilleurs auſpices.

Je ſuis avec un profond reſpect,

M O N S E I G N E U R ,

Votre très-humble, & très-
obéiſſant ſerviteur ,

S A G E.

PRÉFACE.

DANS les Cours de Chymie que je fais publiquement depuis douze ans, je me suis principalement occupé de la Minéralogie ; les Expépériences que j'ai répétées m'ont conduit à des découvertes dont je me suis assuré par des travaux particuliers auxquels je n'ai épargné ni dépenses ni soins : j'en rends compte dans cet Ouvrage.

Dans la premiere Partie, je parle des cinq acides minéraux & de leur identité, de l'alkali fixe, & de l'alkali volatil minéral, & de sa combinaison avec le soufre dans le charbon de terre.

Dans la seconde, j'espere démontrer que les terres qu'on a nommé

fimples & primitives, font des fels ;
que la terre primitive eft la terre abforbante.

Dans la troifieme Partie, je prou-
ve qu'outre l'arfenic & le foufre, qui
fuivant l'idée générale étoient les
feuls minéralifateurs, l'acide marin,
l'alkali volatil & la matiere graffe
produite par l'alkali volatil décompofé, font trois intermedes que la
Nature employe très - fouvent pour
minéralifer les fubftances métalliques.

Les cinq Acides minéraux, font
L'Acide Vitriolique,
   Sulfureux,
   Nitreux,
   Marin,
   Phofphorique.

L'acide phofphorique eft le plus
pefant des acides ; lorfqu'il eft uni
à une fubftance quelconque, il n'en
peut être dégagé par aucun des autres acides ; le fel fédatif, le fpath

fufible , & le bafalte , en font des
preuves ; mais lorfqu'on mêle un fel
phofphorique terreux avec un autre fel qui a pour bafe un alkali,
l'acide phofphorique s'en empare &
quitte la terre abforbante , alors il
fe forme de nouvelles combinaifons
falines ; le mortier en eft un exemple.

Le mortier fe fait ordinairement
avec de la chaux , du fable & de
l'eau ; la chaux eft un fel phofphorique terreux avec excès de terre abforbante. Le quartz eft un fel neutre
formé d'acide vitriolique & d'alkali
fixe ; l'acide phofphorique de la
chaux , par le moyen de l'eau , s'u-
nit à l'alkali du quartz , & forme du
bafalte. L'acide vitriolique du quartz
s'unit à la terre abforbante de la terre
calcaire , & forme du gypfe ; ces deux
fels criftallifant rapidement & confufément , produifent des maffes très-
folides inaltérables par l'eau.

Le rapport plus ou moins grand des acides avec différentes fubftances dépend de leur pefanteur fpécifique ; tel eft l'ordre des affinités des acides qui fuit celui de leur pefanteur.

L'Acide Phofphorique,
        Vitriolique,
        Nitreux,
        Marin,
        Sulfureux.

Quoique l'acide phofphorique foit le plus pefant des acides , ce n'eft cependant point celui qui eft le plus cauftique. Pour le devenir , il faut qu'il foit combiné avec le phlogiftique ; il eft dans cet état dans le phofphore , la pierre à cautere & l'alkali volatil.

L'alkali volatil eft plus cauftique que l'alkali fixe , parce que l'acide phofphorique qui entre comme partie conftituante de ce fel , eft uni à

une plus grande quantité de phlogiftique.

L'acide nitreux n'eft fi actif & fi
cauftique, que parce qu'il eft uni à
une grande quantité de phlogiftique.

Toutes les fubftances qu'on a nommé terres & pierres, réfultent des
combinaifons de l'acide vitriolique ou
de l'acide phofphorique avec la terre
abforbante, ou un alkali fixe, dont les
propriétés approchent de celles du
tartre. L'acide phofphorique combiné avec la terre abforbante, forme
un fel neutre connu fous le nom de
fpath fufible ; lorfque ce fel eft avec
excès de terre abforbante, il en réfulte la terre calcaire : cette terre abforbante qui fe trouve dans la terre calcaire faturée d'acide vitriolique, forme l'argille : cette derniere fubftance
eft compofée de deux acides différens
unis à la terre abforbante.

L'acide phofphorique uni à l'alkali fixe du quartz , forme le bafalte.

L'acide vitriolique combiné avec la terre abforbante forme le gypfe ; ce fel neutre fe décompofe aifément par l'action du feu long-temps continué , ou par la décoction avec de l'alkali fixe.

L'acide vitriolique combiné avec un alkali fixe qui m'a paru femblable à celui du tartre , forme le quartz ; ce fel neutre que le feu n'altere point, eft très-promptement décompofé par l'acide phofphorique , qui fert de bafe à la terre calcaire.

La marne , la zéolite & les granits , font formés , de même que la terre végétale , du mélange des fels dont je viens de parler.

J'ai ajouté à cet ouvrage une Table dans laquelle j'ai défigné par des caracteres, les cinq matieres qui fervent à minéralifer les fubftances métalliques. J'ai auffi indiqué dans une

petite Diſſertation les moyens d'eſ-
ſayer les eaux minérales.

J'ai cherché dans ces Elémens à
décrire avec exactitude les produc-
tions du regne minéral ; j'ai ſoumis
à l'analyſe chymique toutes les
ſubſtances dont je parle. Encouragé
par les découvertes , je n'ai point
épargné la dépenſe.

TABLE SYNOPTIQUE
DU REGNE MINERAL.
PREMIERE PARTIE.

DEUXIEME PARTIE.

TROISIEME PARTIE.

Fin de la Table Synoptique.

ÉLÉMENS

DE MINÉRALOGIE

DOCIMASTIQUE.

~~~~~~~~~~~~~~~~~~~~~~~~

PREMIERE PARTIE.

DES ACIDES MINÉRAUX.

~~~~~~~~~~~~~~~~~~~~~~~~

ACIDE VITRIOLIQUE.

L'ACIDE vitriolique pur, eſt ſans odeur & ſans couleur. Cet acide eſt ſuſceptible de ſe combiner avec la plûpart des ſubſtances, c'eſt pourquoi il eſt preſque impoſſible d'obtenir fluide, celui qui ſe trouve répandu dans l'air. Ce qui me fait avancer qu'on doit regarder l'acide vitriolique comme primitif ou élémentaire, c'eſt que cet acide combiné de diverſes manieres avec le phlo-

A

giftique , fe modifie & produit les autres acides minéraux. Ces acides varient par l'odeur , la couleur & la pefanteur. L'odeur & la couleur font dues au phlogiftique , la pefanteur indique la concentration de l'acide.

ACIDE SULPHUREUX.

L'acide fulphureux eft l'acide vitriolique altéré par le phlogiftique ; on le retire du foufre par la combuftion. J'ai trouvé une éruption de la folfatare , qui contenoit du fel ammoniac fulphureux.

ACIDE NITREUX.

Lorfque l'acide vitriolique fe combine avec le phlogiftique qui fe dégage des corps qui commencent à paffer à la putréfaction , il devient acide nitreux ; la décompofition du Plâtre eft une preuve de cette altération. L'acide vitriolique qui entre comme partie conftituante de ce fel , s'altere en s'uniffant au principe de l'odeur qui fe dégage des corps qui commencent à paffer à la putréfaction : je dis , le principe de l'odeur

qui fe dégage des corps qui commencent à
paffer à la putréfaction ; car lorfque l'alkali volatil fe décompofe , le principe de
l'odeur qui s'en dégage, en s'uniffant avec
l'acide vitriolique, forme l'acide marin.

On trouve ordinairement dans la leffive
des platras, du nitre , & du fel marin. Je
dois citer ici l'expérience qui étaie la doc-
trine que j'avance.

Si on laiffe expofée à l'air, dans un bocal
de verre, une diffolution de cuivre faite par
l'alkali volatil dégagé du fel ammoniac par
l'alkali fixe , dans le laps de trois ou quatre
mois, la diffolution fe décompofe , le principe de l'odeur de l'alkali volatil fe dégage
& entre en combinaifon avec l'acide vitriolique répandu dans l'air , & il le fait
paffer à l'état d'acide marin ; la matiere
graffe de l'alkali volatil s'unit avec le cuivre
& forme un fel infoluble dans l'eau , qui eft
une vraie malachite ; ce fel fe dépofe aux
parois du bocal ; l'acide marin qui s'eft formé de l'acide vitriolique répandu dans l'air,
& du principe de l'odeur de l'alkali volatil,
s'unit à l'alkali fixe qui fervoit de bafe à
l'alkali volatil, & fe trouve au fond du bocal , fous la forme de très-beaux criftaux
cubiques. A ij

L'acide nitreux differe de l'acide marin par ſon odeur & ſa couleur ; lorſqu'il eſt très concentré, il répand des vapeurs rougeàtres ; celles de l'acide marin ſont blanches.

ACIDE MARIN.

L'acide marin, comme je viens de le dire, eſt produit par l'acide vitriolique combiné avec le principe de l'odeur qui ſe dégage de l'alkali volatil qui ſe décompoſe ; cet acide eſt très-commun dans le regne minéral ; on le trouve dans les eaux de la mer, il ſert à minéraliſer la plùpart des ſubſtances métalliques.

L'acide marin a une couleur jaune, quoique le plus léger des acides, il eſt ſi concentré dans les ſubſtances minérales, qu'il les rend ſpécifiquement plus peſantes que le métal qu'elles produiſent ; les mines d'étain ſont dans ce cas.

ACIDE PHOSPHORIQUE.

L'acide phoſphorique eſt l'acide marin altéré par la circulation dans les corps des animaux carnivores ; cet acide, comme j'espere le démontrer , est très-abondant dans le regne minéral; il se trouve dans le borax , le spath calcaire, le spath fusible , & le basalte.

L'acide phosphorique est sans odeur & sans couleur : lorsqu'il est concentré, il pese deux fois plus que l'huile de vitriol; c'est le moins corrosif des acides ; uni au phlogistique , il produit un soufre corrosif, plus fusible que le soufre ; il est connu sous le nom de phosphore. Ce soufre exposé à l'air répand une odeur d'ail , & des vapeurs lumineuses ; il y tombe en *deliquium*. Six gros de phosphore ont été deux mois à passer à cet état , & m'ont fourni dix-huit gros d'acide blanc, transparent & sans odeur. Cet acide , comme on le voit, est uni au moins à deux parties d'eau.

A L K A L I S.

Les alkalis minéraux sont semblables par leurs proprietés aux alkalis qu'on retire des végétaux. Les sels alkalis sont essentiellement composés d'un acide analogue à l'acide phosphorique, & de terre absorbante: ces sels sont avec excès de terre.

A iij

On rencontre dans le regne minéral de l'alkali fixe semblable à celui du tartre. J'ai trouvé du salpêtre de houssage auquel il servoit de base.

L'alkali du sel marin, le natron, ou l'alkali de la soude, ne different de l'alkali du tartre que par une petite portion de matiere huileuse, semblable à celle qui se trouve dans les eaux meres ; elle est combinée avec l'alkali fixe. L'expérience suivante le démontre.

J'ai mêlé deux livres d'alkali fixe, dissous dans six livres d'eau, avec une livre d'eau mere de tartre vitriolé ; la livre d'eau mere que j'ai employée, restoit d'une dissolution qui m'avoit fourni sept livres de tartre vitriolé. J'ai ensuite fait évaporer ce mélange jusqu'à réduction de moitié ; par le réfroidissement, il s'est déposé des cristaux d'alkalis, semblables à ceux de la soude, qui, après avoir été saturés d'acide vitriolique ; ont produit du sel de Glauber.

ALKALI VOLATIL.

L'alkali volatil ne differe de l'alkali fixe de la soude, que parce qu'il contient une plus grande quantité de matiere huileufe, & qu'il eft uni à du phlogiftique, auquel il doit fon odeur & fes proprietés. Le cuivre, comme je l'ai dit, eft l'intermede qui m'a fervi à démontrer que l'alkali volatil étoit compofé d'un alkali fixe, femblable à celui de la foude, d'une matiere huileufe, & du phlogiftique, devenu le principe de l'odeur.

L'alkali volatil fert à minéralifer le cuivre, & d'intermede pour la formation de l'acide marin.

SELS NEUTRES.

On donne le nom de fel neutre aux réfultats de l'union d'un acide quelconque, avec le phlogiftique, l'alkali fixe, l'alkali volatil, les terres abforbantes, & les fubftances métalliques; l'alkali volatil, & la matiere huileufe produite par l'alkali volatil décompofé, diffolvent le cuivre, & forment des fels neutres particuliers.

Les terres & les métaux combinés avec les acides deviennent folubles dans l'eau; lorfque la diffolution de ces fels s'évapore, les molécules falines fe rapprochent &

s'affemblent : elles forment des maffes régulieres , ordinairement tranfparentes , & fouvent colorées ; on les nomme criftaux : ils
doivent à l'eau , leur forme , leur tranfparence , & leur couleur. La plûpart des
fels peuvent être privés de l'eau de leur
criftallifation fans être décompofés ; ils
perdent leur forme , & leur couleur , leur
faveur devient plus piquante.

Tous les fels contiennent, outre l'eau de
la criftallifation , l'acide , & la fubftance qui
a fervi à les neutralifer , une matiere graffe ,
ou huileufe ; elle fe trouve en plus grande
abondance dans les eaux meres.

Cette matiere graffe entre en plus grande
quantité dans les fels neutres minéraux ,
que dans les fels artificiels ; c'eft à elle
qu'ils doivent leur infolubilité. Les fpaths
calcaires & fufibles, les mines fpathiques ,
qui font des Sels formés par l'acide marin,
& des fubftances métalliques , en font des
exemples.

S O U F R E.

Le foufre eft un fel neutre , compofé
d'acide vitriolique & de phlogiftique ; il
fe fond aifément au feu , & s'y fublime.

Le foufre fondu paroît rouge ; en réfroidiffant, il criftallife , & conferve une couleur grife, il eft très-inflammable; en brûlant il produit une flamme bleue , accompagnée d'une odeur très-pénétrante , qu'on nomme acide fulphureux volatil.

Le foufre expofé à l'air ne s'y altere point , il n'eft pas foluble dans l'eau ; les volcans en produifent une très - grande quantité.

La criftallifation & la couleur du foufre varient; lorfqu'il eft pur, il a une couleur d'un jaune pâle, ou de citron.

On trouve quelquefois du foufre natif très-tranfparent , mais le plus fouvent il eft opaque,

Il y a une montagne à fix lieues de Cadix , où l'on trouve du foufre tranfparent criftallifé régulierement dans des géo des calcaires criftallifées.

PREMIERE ESPECE.

Soufre tranfparent criftallifé.

Il eft d'un jaune pâle, ou de citron ; fes criftaux font compofés de deux pyramides à quatre pans , unies par leurs bafes , & tronquées par leurs extrêmités.

Le lieu d'où l'on retire ce foufre eft fitué dans les environs de Cadix.

DEUXIEME ESPECE.

Fleurs de Soufre.

On en trouve de cette efpece à la fur-face des eaux , dans les bains d'Aix-la-Chapelle.

TROISIEME ESPECE.

Soufre gris & opaque.

Il fe trouve dans la même montagne que le foufre criftallifé ; il eft mêlé de terre argilleufe , & reffemble au foufre vif du commerce.

Le foufre fe trouve en très-grande quan-tité dans les pyrites martiales, & dans les blendes ; dans cette derniere fubftance, il eft fous la forme de foie de foufre terreux ; dans les charbons de terre , le foufre eft combiné avec l'alkali volatil.

Le soufre sert à minéralifer la plûpart des subftances métalliques.

Le fer, par l'intermede de l'eau, décompofe très-promptement le foufre. L'expérience fuivante le démontre.

Si l'on fait un mélange avec partie égale de fleur de foufre, de limaille de fer, & d'eau, il s'échauffe en très-peu de tems, & s'enflamme. Quand on mêle ces trois fubftances, il s'en dégage une odeur de foie de foufre décompofé ; la chaleur réfulte de l'union de l'acide vitriolique dégagé du foufre, avec l'eau ; cet acide affoibli porte fon action fur le fer, en développe le phlogiftique ; il fe dégage alors, & répand une odeur femblable à celle qu'on fent lorfque l'électricité eft forte : ces vapeurs font très-inflammables ; on peut les confidérer comme le phlogiftique dégagé du fer. Dans l'expérience que je viens de citer, ces vapeurs s'enflamment d'elles-mêmes, il fe dégage des vapeurs femblables du fer diffout par l'acide vitriolique étendu d'eau. Si l'on approche une bougie allumée de l'orifice du col du matras où fe fait cette diffolution, la vapeur fubtile qui fe dégage prend feu

& produit un bruit confidérable ; cette vapeur en brûlant répand une flamme violette,
& n'eft point accompagnée d'odeur ; l'acide
marin, verfé fur de la limaille de fer, en
dégage pareillement le phlogiftique, & produit les mêmes phénomenes. Les pyrites
martiales, en tombant en efflorefcence, produifent une quantité de vapeurs femblables :
la plûpart des moufettes leur doivent leur
origine.

L'acide nitreux décompofe le foufre ; fi
l'on en jette fur du nitre en fufion, il fe fait
une vive détonnation, accompagnée d'une
flamme d'un blanc éblouiffant.

Le foufre combiné avec l'alkali fixe,
l'alkali volatil, la terre abforbante, forme
des foies de foufre folubles dans l'eau.

SEL DE GLAUBER.

Ce fel eft formé d'acide vitriolique, & de
l'alkali de la foude : ces criftaux font des
prifmes à quatre pans, terminés par des pyramides à fix pans ; expofés à l'air, ils perdent
l'eau de leur criftallifation, fe réduifent en
pouffiere très-fine femblable à de la farine,

& diminuent de la moitié de leur poids. Les eaux de la mer contiennent une petite quantité de ce ſel. *

Sel d'Angleterre ou d'Epſom.

Ce ſel ne differe point du ſel de Glauber : il fut découvert en Angleterre dans une fontaine à quinze mille de Londres ; c'eſt ce qui lui a fait donner le nom qu'il porte.

Sel de Sedlitz, ou de Bohéme.

M. Wallerius rapporte que ce ſel reſſemble à celui d'Angleterre, qu'il en differe en ce qu'il teint le ſirop de violette en verd.

Le ſel d'Egra , & de Carlsbad , & le ſel d'Elſtere ſont, ſuivant le même Auteur, de la même nature que celui de Sedlitz. **

SEL AMMONIAC VITRIOLIQUE.

Ce ſel eſt compoſé d'acide vitriolique &

---

* J'ai trouvé à Dieppe du ſel de Glauber en effloreſcence : & en aſſez grande quantité à la ſurface des murs de la Manufacture de Tabac.

** Je n'ai point eu d'occaſion d'examiner ces ſels.

d'alkali volatil ; j'en ai trouvé dans une éruptîon de la folfatare.

A L U N.

Ce fel eft compofé d'acide vitriolique, & d'une terre qui fe trouve dans les argilles, les ardoifes, le mica, &c. quelques Chymif-tes l'ont regardé comme vitrifiable. §.

La plùpart des pierres propres à produire de l'alun, demandent une torréfaction pré-liminaire, & à être expofées long-temps à l'air avant d'être leffivées ; l'alun de Rome fe retire d'une pierre blanche très-dure, & d'un grain très-fin ; cet alun a toujours une couleur rougeâtre ; celui qu'on prépare en Angleterre, & dans les autres contrées, eft blanc, & très-tranfparent ; on le nomme alun de roche.

A L U N   DE   P L U M E.

Le fel qui eft connu fous ce nom eft du vitriol martial ; on a confondu l'afbefte avec

---

§ Les criftaux d'alun affectent différentes formes, il y en a Doctahedres.

Doctahedres, dont les angles & les fommets font tronqués.

cette substance ; elles n'ont de rapport que
par la forme , toutes deux font striées ; le
vitriol martial est soluble dans l'eau , l'asbeste ne l'est point. Ce vitriol perd au feu ,
& à l'air , sa couleur blanche ; l'asbeste ne
s'y altere point sensiblement.

L'alun exposé au feu , perd l'eau de sa
cristallisation , se boursouffle , & perd sa
transparence.

SEL AMMONIAC SULPHUREUX.

Ce sel résulte de la combinaison de l'a-
cide sulphureux avec l'alkali volatil ; j'en ai
trouvé de cette espece dans une éruption
saline de la solfatare. Ce sel est déliquescent ; il se trouve presque toujours avec le
sel ammoniac vitriolique.

NITRE, ou SALPESTRE.

Ce sel est composé d'acide nitreux &
d'alkali fixe ; l'acide nitreux , comme je l'ai
dit ci-dessus , est l'acide vitriolique , combiné avec le principe de l'odeur qui se dégage des corps qui commencent à passer à
la putréfaction.

On trouve dans l'Inde des nitrieres immenfes qui fourniffent des millions de livres de falpêtre aux différentes Nations ; celui qu'on employe en Angleterre , vient de l'Inde ; la France en retire par an près d'un million de livres pefant, quoiqu'il y ait des atteliers établis pour la préparation de ce fel , & que fa purification foit un droit régalier.

Le falpêtre de l'Inde fe retire par la leffive des terres où il eft contenu ; elles produifent auffi du nitre cubique.

PREMIERE ESPECE.

Salpêtre de Houffage.

J'ai trouvé de ce fel à la furface d'une muraille expofée au Nord ; il étoit fous forme de filets foyeux demi-tranfparens , raffemblés en faifceaux ; ce fel eft compofé d'acide nitreux & d'alkali fixe.

La leffive des platras de cette muraille ne m'a point produit de fel marin, le nitre que j'en ai retiré étoit très-pur, & avoit pour bafe de l'alkali fixe. Les criftaux de ce fel, font des prifmes à fix pans, coupés

en

en biſeaux par leurs extrêmités , ils ſont ſouvent fiſtuleux.

DEUXIEME ESPECE.

NITRE CUBIQUE.

Ce ſel eſt compoſé d'acide nitreux & d'un alkali fixe , ſemblable à celui de la ſoude ; il ſe trouve en aſſez grande quantité dans le nitre de l'Inde , c'eſt pourquoi lorſqu'on diſſout ce ſel dans de l'eau de puits ſéléniteuſe , on trouve dans l'eau mere du ſel de Glauber.

TROISIEME ESPECE.

SEL AMMONIAC NITREUX.

Ce ſel eſt déliqueſcent , il eſt compoſé d'acide nitreux & d'alkali volatil , on le trouve dans la leſſive des platras ; dans le travail en grand¦, lorſqu'on fait paſſer les leſſives nitreuſes ſur des cendres alkalines ,

B

l'alkali volatil ſe dégage, l'acide nitreux s'unit à l'alkali fixe.

Le ſel ammoniac nitreux, détonne dans les vaiſſeaux fermés, lorſqu'il commence à foñdre.

QUATRIEME ESPECE.

NITRE TERREUX.

Ce ſel ſe trouve dans la leſſive des plâtras ; il eſt déliqueſcent, & compoſé d'acide nitreux & de terre abſorbante : il ſe décompoſe de même que le ſel ammoniac nitreux, lorſqu'on fait paſſer la leſſive des platras ſur des cendres alkalines.

L'acide nitreux n'ayant point la propriété de décompoſer le gypſe, il eſt donc évident que c'eſt l'acide vitriolique contenu dans ce ſel, qui ſe modifie & paſſe à l'état d'acide nitreux.

L'acide nitreux uni à la plûpart des ſubſtances, forme des ſels déliqueſcens ; il n'y à que ceux qui réſultent de l'union des alkalis fixes avec cet acide qui ne le ſoient point : les différentes eſpeces de nitre doivent leurs propriétés fulminantes à l'eau de leur criftallifation.

L'acide nitreux peut décompofer le foufre, & fe décompofe lui-même en s'uniffant au phlogiftique de cette fubftance, il produit une flamme blanche & inodore ; mais il faut que l'acide nitreux foit combiné avec les alkalis fixes, ou volatils, &c. pour produire ce phénomene : le phlogiftique contenu dans les charbons, produit les mêmes effets.

L'acide nitreux uni au phlogiftique des fubftances métalliques, devient rouge & fe diffipe fous forme de vapeurs prefque incoercibles.

SEL COMMUN OU SEL MARIN.

Ce fel eft compofé d'acide marin & d'un alkali fixe femblable à celui de la foude. Il fe trouve en très-grande quantité dans le fein de la terre, dans les eaux de la mer, & dans celles de quelques fontaines.

L'acide marin eft produit par l'acide vitriolique, combiné avec le principe de l'odeur qui fe dégage de l'alkali volatil qui fe décompofe ; cet acide eft, après l'acide vitriolique, celui qui eft le plus abondant dans la nature.

PREMIERE ESPECE.

Sel foffile ou Sel gemme.

On en trouve des carrieres immenfes en Pologne, en Ruffie, en Hongrie, &c. Lorfque ce fel ne contient point de matieres étrangeres, il eft blanc & tranfparent : fa couleur indique la nature des terres métalliques avec lefquelles il eft mêlé.

On trouve quelquefois le fel gemme criftallifé en cubes ; lorfqu'il eft mêlé avec de la terre, on le fait diffoudre dans de l'eau, enfuite on fait évaporer la diffolution pour obtenir le fel.

SECONDE ESPECE.

Sel Marin.

Ce fel fe retire des eaux de la mer, par évaporation, il s'y trouve dans la proportion d'un trente-deuxieme, il ne differe point du précédent.

TROISIEME ESPECE.

Sel de Fontaine.

Il fe retire, par évaporation, de l'eau des fontaines falines ; elle contient une plus grande quantité de fel de Glauber, que celle de la mer.

QUATRIEME ESPECE.

Sel Ammoniac.

Ce fel eft compofé d'acide marin & d'alkali volatil, il fe trouve en très - grande quantité dans la leffive des platras.

Le fel ammoniac peut éprouver l'action du feu le plus fort fans s'altérer ; il s'y fublime.

CINQUIEME ESPECE.

Sel Marin terreux.

Ce fel eft compofé d'acide marin & de terre abforbante ; il fe trouve en grande quantité dans la leffive des platras.

S I X I E M E   E S P E C E.

Métaux spathiques.

On trouve souvent dans la terre l'acide marin uni aux substances métalliques, avec lesquelles il forme des sels neutres, rendus insolubles par une matiere graffe ; l'acide marin qui se trouve dans ces sels est très-concentré.

Le sel marin attire l'humidité de l'air, & y tombe en déliquium.

Ce sel jetté sur des charbons ardens décrépite, il perd cette propriété lorsqu'il est dépouillé de l'eau de sa cristallisation.

B O R A X.

Ce sel nous est envoyé de l'Inde ; jusqu'à préfent on a été indécis fur fon origine. Le borax est composé d'un sel neutre formé par l'acide phosphorique & l'alkali de la foude ; ce dernier est connu fous le nom de sel sédatif d'Homberg : lorsqu'il est mêlé avec parties égales d'alkali fixe de la foude, il forme le borax.

Si ce n'étoit point l'alkali fixe qui fervît de bafe au fel fédatif, il feroit décompofé dans le tems qu'on fait diffoudre le borax dans de l'eau.

ALEXIS le Piémontois, dit que pour préparer le borax, il faut faire un mélange avec du faindoux, des matieres fufceptibles de putréfaction, & des petits cailloux, enfuite l'enfouir en terre, & qu'après le laps de quatre ou cinq mois, on y trouve des criftaux de borax.

Dans cette opération, l'acide de la graiffe fe combine avec l'alkali fixe, produit par l'alkali volatil décompofé ; ce dernier a été fourni par les matieres qui ont paffé à la putréfaction.

Il y a lieu de croire que le borax eft une production de l'art ; fi j'en parle ici, c'eft parce que la plûpart des Minéralogiftes l'ont mis au nombre des fels minéraux.

PREMIERE ESPECE.

Borax impur.

Ce fel fe trouve fous forme de criftaux blancs, tranfparens, dans une matiere grafse , de couleur rousse , & qui a l'odeur d'une huile rance. Il y a des cristaux de borax qui représentent des prismes à six pans comprimés, le sommet est trihedre & alterne ; les côtés du prisme sont six pentagones alternes, dont deux opposés sont fort larges : chaque sommet est composé d'un grand triangle, & de deux petits trapezes.

DEUXIEME ESPECE.

Borax brut de couleur bleuâtre.

Les cristaux de cette espece sont des prismes hexahedres comprimés ; il y a de ces cristaux dont les prismes ne sont point comprimés.

TROISIEME ESPECE.

Borax purifié.

Il est blanc & transparent ; lorsqu'il reste quelque tems exposé à l'air, il devient opaque ; cette altération lui arrive, parce que l'alkali de la soude perd l'eau de sa cristallisation : le sel sédatif ne peut point s'altérer à l'air.

Si on expose le borax au feu, il se li-
quefie, perd l'eau de sa cristallisation, se
boursoufle, & produit une masse spongieu-
se ; à un feu plus fort, ce sel se fond, &
forme un verre blanc transparent, qui
devient opaque à l'air, & qui dissout
dans de l'eau, reproduit du borax.

Si l'on verse dans une dissolution de borax un acide quelconque, on en sépare le
sel sédatif ; ce sel est feuilleté, brillant,
& demi transparent, les acides ne peuvent
point le décomposer.

Le sel sédatif est soluble dans l'esprit de
vin ; si on y met le feu, sa flamme paroît
verte. L'altération de la flamme de l'esprit
de vin, est produite par l'acide phosphorique contenu dans le sel sédatif, dont une
portion s'unit avec le phlogistique de l'esprit de vin, & produit un phosphore, qui
en brûlant rapidement, répand une flamme jaune orangé ; du mélange de cette couleur avec la flamme bleue de l'esprit de
vin, il résulte une couleur verte.

BITUMES.

Les bitumes sont des substances minérales

inflammables; ils different par leurs confiftances, leurs couleurs, leurs odeurs, & leurs parties conftituantes ; ils font tous inflammables , & quoiqu'approchant de la nature des huiles effentielles, & des réfines, ils font prefque infolubles dans l'efprit de vin.

J'ai reconnu que les bitumes qui nagent fur l'eau, produifent, par la diftillation, une huile pefante, & que ceux qui vont au fond de l'eau , produifent une huile légere.

Parmi les bitumes on compte ,

Le Charbon de terre.

Le Napthe.

Le Pétrole.

La Poix minérale.

L'Afphalte, ou Bitume de Judée.

Le Jayet.

Le Succin & l'Ambre gris.

Quelques Minéralogiftes ont mis le foufre au rang des bitumes.

Charbon de terre.

On donne le nom de charbon de terre, ou de houille à différentes efpeces de terres pénétrées par une huile bitumineufe. Ils

contiennent tous du foufre uni à de l'alkali volatil ; il y a toujours auffi une grande quantité d'alkali volatil unie à cette
huile bitumineufe.

PREMIERE ESPECE.

Charbon de terre noir & brillant.

Il y en a de très-fragile , & d'autre qui
eft dur & compact. On trouve des lits de
ce bitume dans prefque toutes les contrées,
& à différentes profondeurs ; ils font fouvent recouverts de couches de pyrites martiales , mêlées de bitumes.

Une livre de charbon de terre produit, par
la diftillation , quatre gros d'eau claire &
inodore , quatre gros d'alkali volatil , mêlé de foie de foufre, * une once d'huile
bitumineufe , dont une partie eft légere ,
& l'autre pefante , le réfidu eft noir &
fpongieux ; calciné , il perd de fa couleur,
& devient en partie attirable par l'aimant.

Le foie de foufre qui fe trouve dans tous

---

* Le foie de foufre formé par l'alkali volatil & le foufre expofé au feu s'y fublime.

les charbons de terre , eft ce qui les rend dangereux dans l'ufage œconomique , & ce qui produit l'altération des métaux qu'on chauffe, ou qu'on exploite avec ce bitume; la dorure eft promptement noircie par l'émanation de ces vapeurs.

Pour fe fervir avec avantage du charbon de terre pour l'exploitation des mines, il faut lui faire éprouver une torréfaction préliminaire. Cette préparation fe fait fur un terrein horifontal , fur lequel on arrange le charbon de terre par morceaux ; on en compofe une charbonniere à peu près femblable à celles où l'on fait le charbon de bois ; cette charbonniere ou allumelle a douze ou quinze pieds de diametre, & deux pieds & demi de hauteur dans le centre: l'allumelle achevée, on la couvre avec de la paille & de la terre franche, de l'épaiffeur d'un pouce.

Lorfqu'on juge le charbon affez privé d'huile, ce dont on s'apperçoit, lorfqu'il ne s'éleve plus de fumée , alors on bouche toutes les iffues par où l'air pouvoit avoir accès , pour empêcher que le charbon ne fe décompofe entierement.

Une charbonniere tient le feu quatre

jours, on ne peut retirer le charbon que quinze heures après l'avoir éteint.

M. de Genſanne, dans ſon Traité de la Fonte des Mines par le feu du charbon de terre, donne la deſcription d'un fourneau où il diſtille ce bitume ; par le moyen 'du four qu'il employe, il retire l'huile bitu-mineuſe contenue dans ce charbon : elle s'y trouve dans la proportion d'un ſei-zieme.

Les charbons qui ont éprouvé les eſpe-ces de diſtillations dont je viens de par-ler, ne contiennent plus de foie de ſoufre, ni d'huile ; ils ſont propres à ſuppléer au charbon ordinaire, & produiſent un degré de feu beaucoup plus fort.

J'ai fait l'analiſe de pluſieurs charbons de terre, tirés de différens pays, j'ai toujours obtenu à peu près les mêmes produits ; je n'y ai jamais trouvé, ni l'acide, ni le ſel, de la nature de celui du ſuccin, que Meſ-ſieurs Juncker & Vallerius diſent qu'on y rencontre.

DEUXIEME ESPECE.

Charbon de terre chatoyant.

Ce charbon refracte les rayons de la lumiere, comme la gorge des pigeons.

TROISIEME ESPECE.

Charbon de terre mêlée de pyrites.

On ne fait point usage de cette espece.

QUATRIEME ESPECE.

Charbon de terre vitriolique.

Il s'en trouve dans le Rouergue, entre Sivrac & Milo, à deux lieues de l'Evêché de Rhodez à sept ou huit pieds de profondeur, il est disposé par lits; les uns sont noirs, & composés de charbon de terre; les autres sont d'un verd d'aiguemarine, & sont formés de cristaux de vitriol martial; on trouve souvent dans ces charbons des pyrites martiales & de l'ochre jaune.

Ce charbon produit par quintal vingt-
cinq livres de vitriol martial.

Le charbon de terre de Sivrac, diftillé
après avoir été leffivé, produit de l'eau qui
tient en diffolution un foie de foufre volatil, & une huile pefante ; diftillé avant d'a-
voir été leffivé, il produit de l'acide fulphureux, un fel ammoniac fulphureux &
un peu d'huile légere.

Il y a des charbons de terre, qui après
avoir été expofés à l'air quelque tems, fe
couvrent d'une efflorefcence alumineufe.

NAPTHE.

Le napthe eft une huile bitumineufe très-
fluide, d'une odeur très-fubtile ; elle eft
de la nature de l'huile de pétrole, & me
paroît devoir fon origine à ce bitume ; ne
feroit-ce point une rectification naturelle
de l'huile de pétrole !

Monfieur Wallerius dit qu'il y a du napthe blanc, rouge & verd.

HUILE DE PÉTROLE.

Ce bitume eft fluide & un peu épais ;

sa couleur est brune, il a une odeur forte.

Le pétrole suinte à travers les fentes des rochers, il me paroît être le produit des charbons de terre décomposés.

L'huile de pétrole se trouve souvent mêlée avec différentes terres ; quelquefois on la trouve à la surface des eaux.

On trouve dans la Province de Languedoc, près Besiers, une huile de pétrole, connue sous le nom d'huile de gabian.

POIX MINÉRALE.

Ce bitume est noir, a la consistance d'un baume épais & une odeur forte ; il paroît être produit par l'huile de pétrole : on peut l'employer aux mêmes usages que le goudron.

ASPHALTE, OU BITUME DE JUDÉE.

Il a la consistance des résines & nage sur l'eau, lorsqu'on le frotte ou qu'on le chauffe ; il répand une odeur forte & désagréable : ce bitume est produit par la poix minérale épaissie. On en trouve en grande quantité sur le Lac Asphaltide, qu'on nomme aujourd'hui Mer Morte. On a découvert des mines

mines d'afphalte, à Neuf-Châtel, en Suiffe.

J'ai du cinabre du Duché de Deux-Ponts, où il fe trouve de l'afphalte.

L'huile qu'on retire par la diftillation du bitume de Judée, eft très-fétide. Ce bitume ne produit point de fel acide.

JAIS OU JAYET.

Ce bitume eft noir, fufceptible du poli, & moins fragile que le charbon de terre ; il eft électrique, & nage fur l'eau. On trouve le jayet difpofé par couches, comme le charbon de terre ; il eft fouvent couvert d'une effloreſcence martiale, d'un jaune pâle ; on en trouve en Suede, en Allemagne, en France, &c.

Le jayet produit, par la diftillation, de l'eau claire, infipide & inodore, une huile légere & citrine, & une grande quantité d'huile noire épaiffe & fétide ; cette huile eft mêlée avec de l'alkali volatil, c'eft une matiere oleo-favonneufe.

Ce bitume contient plus de terre que l'afphalte, on s'en apperçoit par le réfidu de la diftillation.

SUCCIN, AMBRE JAUNE OU KARABÉ.

Ce bitume fe trouve en grande quantité dans la Mer Baltique, proche les côtes de la Pruffe ; comme il eft plus pefant que l'eau, on profite du tems où la mer eft agitée, pour le pêcher ; on trouve auffi du fuccin dans le fein de la terre ; il varie par la couleur, eft fufceptible du poli, & differe des autres bitumes par le fel acide qu'il contient : le fuccin eft très-électrique.

PREMIERE ESPECE.

Succin jaune tranfparent.

Sa couleur eft plus ou moins foncée; on trouve dans quelques morceaux des infectes & des corps étrangers.

DEUXIEME ESPECE.

Succin rouge tranfparent.

Il ne differe du précédent, que par la couleur.

TROISIEME ESPECE.

Succin opaque.

Il y en a de blanc, de jaune, & de rougeâtre.

Le succin qu'on trouve dans les Pyrenées, est opaque & jaunâtre, & paroît composé de différentes couches ; il est beaucoup plus fragile que les précédens.

Le succin produit, par la distillation, de l'eau acide, une huile légere, & un sel acide concret.

AMBRE GRIS.

Les Naturalistes ont beaucoup disserté sur l'ambre gris, sans expliquer son origine, ni déterminer le regne auquel il appartient; quelques-uns ont dit que c'étoit un produit animal, parce qu'on en trouve quelquefois dans l'estomach des cétacés, mais la couleur & l'odeur de cet ambre sont altérées.

L'ambre gris est un bitume léger, d'une consistance molle, à peu près comme la cire, d'une odeur douce & agréable ; le meilleur vient des Isles de Madagascar, &

de Sumatra ; il eft gris, & a intérieurement des taches blanches, noires, ou jaunes ; quelquefois il eft feuilleté : on le trouve or-dinairement à la furface des eaux, en maffes très-confidérables, elles renferment fouvent dans leur intérieur des arrêtes de poiffon, & d'autres parties animales, des pierres, &c.

L'ambre gris, de même que la plûpart des bitumes, ne fe diffout qu'en très-petite quantité dans l'efprit de vin, il a une odeur affez fuave, on l'emploie pour exalter celle du mufc, & l'on donne improprement le nom d'ambre à cette préparation.

L'ambre gris produit, par la diftillation, de l'eau acide, une huile noirâtre, épaiffe & pefante, dont l'odeur eft forte & affez agréa-ble ; une demie once de ce bitume, après avoir été diftillé, a laiffé dans la cornue vingt grains d'un charbon très-léger.

Fin de la premiere Partie.

SECONDE PARTIE.

DES TERRES.

LA plûpart des Chymistes & des Minéralogistes ont reconnu différentes especes de terres ; je n'en admets qu'une que je nomme terre primitive, ou terre absorbante, suivant sa combinaison avec les acides elle donne naissance à toutes les autres ; c'est ce que j'espere démontrer dans cet Ouvrage

La terre absorbante sert de base aux substances végétales & animales, elle ne se trouve point pure dans le regne minéral ; le moyen le plus simple pour l'obtenir pure, est de calciner à blanc les substances osseuses animales & de les lessiver à plusieurs eaux; il faut ensuite les dessécher, les calciner & les lessiver une seconde fois ; la terre qu'on obtient par ce moyen est très-blanche, goutée elle n'imprime aucun sentiment ; exposée au feu, elle n'y éprouve aucune altération, & ne se vitrifie point ; lorsqu'on verse de l'eau

fur cette terre defféchée , elle l'abforbe
avec bruit & fans qu'on y remarque de chaleur ; cette eau en s'évaporant rapproche
les molécules terreufes & leur fait prendre
corps ; la terre abforbante eft employée
pour faire les coupelles.

La terre abforbante combinée avec les
acides , produit des fels différens. L'acide
phofphorique eft celui qui a le plus de rapport avec cette terre ; lorfque cet acide eft
combiné avec une partie de terre abforbante,il en réfulte la terre calcaire,on doit la
confidérer comme un fel avec excès de terre
abforbante ; fi cet excès a été faturé d'acide
phofphorique , il en réfulte le fpath fufible.

Si la terre abforbante qui fe trouve en
excès dans la terre calcaire a été faturée
d'acide vitrioliqu e , il en réfulte le kaolin ,
l'argille , la pierre ollaire , l'amiante , &c.
Ces fubftances , comme on voit , font compofées de deux acides différens & d'une
même terre.

Le gypfe eft un fel neutre produit par
l'acide vitriolique & la terre abforbante.

Le quartz réfulte de la combinaifon del'a-
cide vitriolique,avec une efpece d'alkali fixe.

Le bafalte eft formé par l'acide phofphorique & un alkali fixe femblable à celui du quartz.

La zéolite, & la marne, font dues aux mélanges des fels précédens, auxquels je laifferai les noms qu'on a coûtume de leur donner, afin de ne point produire une table de mots, pour donner l'intelligence des matieres dont je parlerai dans ces Elemens de Minéralogie.

TERRE CALCAIRE.

La terre calcaire eft un fel avec excès de terre abforbante, elle eft produite par les fubftances animales, qui après avoir été enfouies en terre fe font décompofées.

Prefque tous les Naturaliftes s'accordent pour dire que la terre calcaire eft produite par les coquilles, & les madrépores ; les animaux qui les habitoient font comme tous les animaux carnivores, compofés d'un fel ammoniac phofphorique, d'une matiere huileufe & de terre abforbante ; dans le tems de la putréfaction de ces fubftances animales, l'alkali volatil fe dégage & l'acide fe combine avec une partie de la terre abforbante, il en réfulte un fel avec excès de terre.

La terre calcaire contient une matiere

graffe, qui la rend infoluble dans l'eau &
propre à réduire les chaux de plomb & de
bifmuth.

PREMIERE ESPECE.

CRAIE.

C'eft une terre calcaire très-divifée ; on
en trouve en France & dans d'autres contrées , des montagnes entieres ; elle y eft
difpofée par couches, on y rencontre fouvent des empreintes d'ourfins & de coquilles, des cailloux & des veines métalliques.

La craie varie par fa couleur ; lorfqu'elle
eft pure, elle eft très-blanche, elle fe laiffe
pénétrer par l'eau & s'y divife ; pour la féparer des matieres étrangeres qu'elle peut
contenir , on la délaye dans une grande
quantité d'eau ; on décante cette eau qui
tient la craie fufpendue , enfuite on la laiffe
repofer jufqu'à ce que la craie fe foit pré-
cipitée; on décante l'eau, & lorfque la craie
a acquis affez de confiftance , on en forme
de petits cylindrès, connus dans le commerce fous le nom de blanc d'Efpagne ; quelquefois on les colore en rouge & on leur
donne le nom de tripoli.

Boyle rapporte qu'on trouve en Angleterre une craie blanche, qui s'échauffe con-
fidérablement avec l'eau ; la craie dont j'ai
parlé ci-deffus , abforbe l'eau affez rapidement , mais fans chaleur fenfible.

On trouve fouvent dans des cavités à la
furface de la terre, ou dans fon intérieur,
de l'eau mêlée avec de la craie ; on la nomme *guhr*, ou craie coulante, l'eau en s'é-
vaporant y laiffe la craie ; lorfqu'elle eft en
poudre très fine , on la nomme farine foffile ;
lait de lune & * agaric minéral , lorfqu'elle
eft en maffes légeres & poreufes.

Le *guhr*, en s'infiltrant dans les grottes
qui font dans les montagnes, dépofe la craie
& produit des accroiffemens de différentes
formes , qu'on nomme ftalactites, quand ils
adherent aux parois fupérieurs des grottes,
& ftalagmites quand ils fe trouvent fur le
fol.

Les ftalactites produites par le *guhr* calcaire , font toûjours opaques & poreufes ;
les ftalactites tranfparentes font formées par
la terre calcaire tenue en diffolution ; elle
n'acquiert la propriété de fe diffoudre qu'a-
près avoir été calcinée.

* Le Sinter des Allemands.

PIERRE CALCAIRE.

La pierre calcaire fe trouve à différentes profondeurs dans le fein de la terre, quelquefois à fa furface , elle eft toûjours accompagnée d'argille , fouvent elle fe rencontre entre deux lits de cette terre. Les bancs de pierres calcaires different par leur dureté , leur épaiffeur , & les corps marins qu'ils contiennent. Dans les carrieres d'où on retire les pierres calcaires, on remarque que les bancs font compofés de plufieurs couches & ces dernieres de différens lits qui fe féparent quelquefois d'eux-mêmes, lorfque la pierre refte long-tems expofée à l'air ; il y en a d'autres , qui loin de s'y déliter y acquierent de la dureté.

La folidité de la pierre calcaire ne peut être attribuée qu'à une efpece de criftallifation ; mais pour en être fufceptible, il faut que la terre calcaire ait éprouvé l'action du feu, il lui enleve une partie de fa matiere graffe & la rend foluble dans l'eau , alors elle y criftallife de différentes manieres , fuivant que l'eau de la diffolution s'eft évaporée plus ou moins promptement.

Dans la pierre calcaire , la criftallifation eft confufe.

Suivant la forme & la nature des corps marins qui fe trouvent dans la pierre cal-caire , on lui donne différens noms ; celui de coquilliere lorfqu'elle renferme des co-quilles ; de numifmale , de liards S. Pierre & de pierre frumentaire , à celle qui con-tient un petit coquillage rond renflé dans le milieu , & qui fuivant le fens dont la pierre a été caffée repréfente ou des furfa-ces rondes ou des ovoïdes , alors elle paroît repréfenter la coupe d'un grain de froment : prefque toutes les pierres calcaires qui fe trouvent dans les environs de Noyon & fur-tout à Salency , petit village fitué â quelques lieues de cette Ville , en font compofées.

Les pierres calcaires font employées pour la bâtiffe : on préfere celles qui ont un tiffu ferré & le grain fin , à celles qui contien-nent des coquilles dont l'intérieur eft fou-vent creux.

Les pierres calcaires nouvellement reti-rées de leur carriere font tendres ; fi elles éprouvent un degré de froid confidérable elles fe brifent avec bruit ; on doit attribuer cet effet à l'eau dont elles font pénétrées lorfqu'elles font dans la terre ; il y a des efpeces de pierre calcaire qui perdent leur confiftence , & qui fe délitent lorfque cette eau s'évapore ; il y en a d'autres qui fe durciffent & qui acquierent de la blancheur.

La pierre calcaire des environs de Paris eft d'un blanc jaunâtre ; celles qui font colorées en rouge ou en verd , contiennent des terres métalliques.

MARBRES.

On nomme Marbres les pierres calcaires fufceptibles de poli ; on remarque dans leurs carrieres à peu près les mêmes varietés que dans celles d'où l'on retire la pierre calcaire. Les marbres font ordinairement colorés par différentes terres métalliques , on y trouve fouvent des pyrites ; les criftaux qui compofent le marbre font beaucoup plus fins & plus raffemblés que ceux de la pierre calcaire.

Le marbre pur eft blanc , on en trouve quelquefois de tranfparent ; lorfqu'il eft coloré il eft toûjours opaque ; le marbre noir ne doit point fa couleur à des terres métalliques, puifqu'il devient blanc après avoir été calciné.

On trouve dans quelques efpeces de marbres des corps marins qui n'ont point perdu leurs configurations, des coquilles, des bélemnites, des madrépores, des entroques, &c.

On remarque dans le marbre de Florence toutes fortes de figures; il y en a qui repréfentent des montagnes, des villes, des tours, &c. On trouve dans celui de Heffe, des dendrites.

Les Lythographes ont donné des noms différens aux marbres, fuivant leurs couleurs; je ne les rappellerai point ici, mais je me contenterai de dire que la couleur & la dureté des marbres varient beaucoup.

SPATH CALCAIRE.

On doit confidérer le Spath comme la pierre calcaire la plus pure, il n'en diffère que par fa criftallifation qui eft plus réguliere; les criftaux de fpath calcaire repréfentent des rhomboïdes, ou des prifmes à plufieurs pans & quelquefois des pyrami-

des. Quoique les criſtalliſations des ſels varient ſingulierement & qu'on pourroit
ſouvent s'en impoſer , ſi l'on jugeoit d'a-
près les formes des criſtaux ; je puis avancer que le ſpath calcaire ne criſtalliſe jamais
en cubes , & que les Minéralogiſtes qui lui
ont reconnu cette configuration, l'ont confondu avec le ſpath fuſible.

PREMIERE ESPECE.

Spath calcaire dont les criſtaux ſont des
priſmes à ſix pans de différentes largeurs ,
trois grands & trois petits.

On en trouve qui ont deux pans fort
larges & quatre petits. La longueur & la
groſſeur de ces priſmes varient beaucoup ;
il y en a dans les mines du Hartz qui ont
ſept pouces de long ſur huit lignes de diametre. Ces criſtaux ſont tranſparens.

DEUXIEME ESPECE.

Spath criſtalliſé en priſmes hexagones ſtriés.

Il eſt demi tranſparent & ſe trouve en

Espagne ; ces criftaux font quelquefois grouppés & recouverts d'une terre martiale rougeâtre. Il y en a qui ont vingt lignes de long, fur huit de diametre.

TROISIEME ESPECE.

Spath criftallifé en prifmes à douze pans.

Les criftaux de ce fpath n'ont fouvent que deux lignes d'épaiffeur, fur fix de dia-metre ; ils fe trouvent en Efpagne.

QUATRIEME ESPECE.

Spath criftallifé en prifmes à fix pans terminés par une pyramide à trois pans.

Ce fpath eft demi-tranfparent, les pans des prifmes font inégaux. Il y a des géodes quartzeuzes, dans l'intérieur defquelles on trouve des criftaux de cette efpece qui ont fix pouces de long fur fix lignes de diametre.

CINQUIEME ESPECE.

*Spath criſtalliſé en priſmes à ſix pans,
terminés par une pyramide
hexahedre tronquée.*

Les plans de la pyramide ſont alternativement triangulaires & hexahedres. Le ſom-
met eſt triangulaire.

Ce ſpath eſt demi tranſparent & rougeâtre ; il a été trouvé dans les mines de cinabre du Duché de Deux-Ponts.

SIXIEME ESPECE.

Spath criſtalliſé en pyramides à trois pans.

Il eſt blanc & tranſparent.

SEPTIEME ESPECE.

Spath criſtalliſé en pyramides à ſix pans.

Il eſt tranſparent ; on lui a donné le nom
de dents de cochon ; on en trouve de très-
beaux grouppes en Angleterre , dans les

mines

mines de Derbyhire & dans celles de Sommerfet ; on rencontre auffi quelquefois des criftaux de fpath formés par deux de ces pyramides , unies par leurs bafes ; il y a de ces pyramides qui ont deux pouces de haut , & dont la bafe à quinze lignes.

HUITIEME ESPECE.

{Spath rhomboïdal , ou d'Iflande.

Lorfque ces criftaux font tranfparens , ils font paroître doubles les objets qu'on voit à travers. Les fragmens de ce fpath font des rhomboïdes, qui font eux-mêmes compofés de petits feuillets qui ont la même forme.

NEUVIEME ESPECE.

Spath lenticulaire.

Les criftaux de ce fpath font tranfparens & ont douze facettes ; ils font compofés de deux pyramides à trois pans , féparées par un prifme à fix pans ; le prifme dans les grands criftaux n'a fouvent qu'une ligne de hauteur & chaque pyramide une ligne &

D

demie. Il s'en trouve de très-réguliers dans les mines de plomb du Limousin ; il y en a qui ont dix-huit lignes de largeur & quatre lignes de haut dans le centre.

DIXIEME ESPECE.

Pierre porc prismatique.

Ce spath est empreint d'huile de pétrole, sa couleur est brune ; quand on le frotte ou qu'on le chauffe, il répand une mauvaise odeur ; c'est ce qui l'a fait nommer pierre-porc ou pierre puante.

Il y a une espece de pierre porc feuilletée & grise, qui doit son odeur à du foie de soufre ; lorsqu'on la frappe avec le briquet, elle produit une odeur fétide insupportable.

ONZIEME ESPECE.

Spath cristallisé en cylindres.

Ces cylindres sont creux dans leur intérieur, il y en a qui ont cinq à six pouces de long & qui n'ont pas plus d'une ligne de diametre dans toute leur longueur ; ce sont des efpeces de ftalactites. Ce fpath eft tranfparent.

DOUZIEME ESPÉCE.

Spath calcaire ftrié.

Ce fpath eft opaque, on le nomme *flos ferri*; c'eft une ftalactite remarquable par la difpofition & l'entrelaffement des cylindres dont elle eft compofée : ces cylindres n'ont pas plus d'une ligne & demie de diametre ; fi on les caffe, on reconnoît qu'ils font compofés de ftries qui fe diftribuent du centre à la circonférence.

STALACTITE.

Les Stalactites tranfparentes ne different point du fpath, elles doivent leur naiffance à de l'eau qui tient en diffolution de la terre calcaire ; cette diffolution infiltrée dans les cavités des grottes y criftallife de différentes manieres , ces concrétions font nommées ftalactites , la plupart font trouées dans leur centre , & font criftallifées plus régulierement vers la partie la plus mince ,

qui eft celle qui adhere aux parois fupérieures de la grotte, qu'a l'extrêmité qui eft
fouvent mammelonnée & terminée en maffe.
La ftalactite eft plus mince vers la voute
de la grotte, parce que la diffolution qui l'a
produite étoit plus fluide ; c'eft par la même
raifon que ce pédicule eft criftallifé plus
régulierement. Quant au trou qu'on remarque dans l'intérieur de la plûpart des
ftalactites, il a fervi de paffage à l'air.

Les ftalactites different des ftalagmites
par leurs formes, ces dernieres fe trouvent
fur le fol des grottes, elles font mammelon-
nées, difpofées par couches & fouvent colorées, on les nomme albâtre calcaire. On
en trouve de demi-tranfparentes & d'opaques ; lorfque plufieurs petites ftalagmites
rondes font raffemblées, on les nomme
ammites, pifolithes, oolithes.

INCRUSTATION.

L'eau qui tient en diffolution de la terre
calcaire, dépofe les criftaux de ce fel fur
la plûpart des corps & produit les incruf-
tations.

Tous les fels qu'on diffout dans l'eau fo

décompofent en partie , les fels métalliques plus promptement que ceux qui ont pour bafe des terres , alors l'acide s'altere & produit une matiere graffe de la nature de l'huile ; c'eft cette même matiere qui fe trouve dans les eaux meres des fels ; dans la diffolution de la terre calcaire , c'eft à une décompofition femblable qui arrive à l'eau de chaux , qu'eft due la criftallifation rapide qu'on voit à fa furface.

GEODE.

On donne ce nom à des maffes de pierres de différentes groffeurs, dont l'intérieur eft creux & ordinairement tapiffé de criftaux.

Ludus Helmontii.

C'eft une pierre calcaire en maffe fphéroïdale fort comprimée, l'épaiffeur diminue vers les bords , ce qui lui donne affez de reffemblance avec un pain rond ; on remarque fur cette pierre des cloifons fpatheufes plus ou moins élevées , depuis une ligne jufqu'à cinq , qui forment fur une de fes furfaces des compartimens polygones de

toutes fortes d'angles & de différens dia-
metres, mais grands pour la plûpart ; ces
cloifons pénetrent auffi dans l'intérieur de
la maffe qu'elles partagent en plufieurs polygones, dont les interftices font ordinairement tapiffés de petits criftaux de pierre
calcaire ; on trouve des *Lydus helmontii* formés d'un affemblage de prifmes à quatre,
cinq, fix, fept & huit pans ferrés les uns
contre les autres, & féparés par des cloifons fpatheufes d'une ligne d'épaiffeur.

Les différentes efpeces de pierres calcaires, dont je viens de parler, fe reffemblent
toutes par leurs propriétés ; elles font effer-
verfcencé avec les acides ; dans cette expérience, il n'y a que la portion de terre abforbante qui entre comme partie conftituante de la terre calcaire, qui fe combine
avec les acides ; le fel phofphorique qui s'y
trouve n'éprouve point d'altération.

Lorfqu'on calcine de la pierre calcaire,
elle décrépite ; j'ai remarqué que cette décrépitation étoit plus ou moins forte, fuivant la criftallifation qu'elle affectoit, que
le fpath décrépitoit beaucoup plus que le
marbre, & ce dernier beaucoup plus que la
pierre calcaire : pendant la calcination la

pierre calcaire commence par perdre l'eau de fa criftallifation , c'eft à elle qu'eft due la décrépitation , enfuite la matiere graffe qui entre comme partie conftituante des criftaux fe décompofe , alors la pierre à chaux change de couleur ; j'ai vû des fpaths jaunâtres tranfparens devenir noirs , & par une calcination long-tems continuée , devénir blancs & opaques.

Lorfqu'on calcine de la pierre calcaire, l'acide phofphorique qu'elle contient s'unit au phlogiftique & forme une efpece de phofphore , qui en fe combinant avec une partie de la terre abforbante de la terre calcaire, forme un foie de foufre très - avide de l'humidité & qui répand une odeur fétide lorfqu'elle eft expofée à l'air. Si l'on verfe deffus du vin ou du vinaigre , l'odeur d'œufs couvis qui fe dégage , eft bien plus forte.

Les propriétés phofphoriques dont jouiffent la plûpart des pierres calcaires après la calcination , font dues à cette efpece de phofphore.

La pierre calcaire calcinée perd fa tranfparence & une partie de fon poids, on la nomme alors chaux vive ; dans cet état fi on l'expofe à l'air , elle fe gerfe , fe divife & fe réduit

D iv

d'elle-même en une poudre blanche très-fine, qu'on nomme chaux éteinte;une livre de
chaux vive attire au moins cinq onces d'eau
de l'atmofphere. La chaux vive eft cauftique, la chaux éteinte ne l'eft point, elle
eft moins foluble dans l'eau que la chaux
vive; la pierre calcaire y eft infoluble avant
la calcination.

Si l'on verfe un peu d'eau fur la pierre
calcaire nouvellement calcinée, elle l'abforbe avec bruit, peu après elle fe gerfe; fi
l'on en verfe d'autre, elle fe fend avec
éclats : ceux-ci fe fubdivifent bien-tôt & fe
réduifent en une poudre très-fine, femblable à la chaux éteinte.

Dans le tems où l'on éteint ainfi la chaux,
il s'excite un degré de chaleur affez confidérable pour brûler de la paille & l'enflammer,
ce qui n'a pas lieu, lorfqu'elle s'éteint à
l'air; fi l'on a mis fur de la chaux qu'on a
éteinte une grande quantité d'eau, elle en
diffout une partie, on la nomme eau de
chaux; elle a un goût qui la fait aifément
reconnoître & elle jouit de prefque toutes
les propriétés des alkalis fixes; il fe forme
à la furface de cette eau des criftaux feuilletés tranfparens aufquels on a donné le

nom de crême de chaux ; ce sel est un spath calcaire ; exposé au feu , il décrépite , perd sa transparence & se réduit en chaux.

L'eau de chaux peut être décomposée par l'alkali fixe , chaque once laisse précipiter près de deux grains de terre absorbante ; on peut séparer par le même moyen de la pierre calcaire calcinée, l'acide phosphorique qu'elle contient , on obtient alors une terre absor-bante ; par la calcination, elle n'est plus pro-pre à produire de la chaux. La lessive du mélange de l'alkali fixe & de la chaux vive tient en dissolution un sel neutre produit par l'acide phosphorique de la chaux & l'al-kali fixe ; si on la rapproche par l'évapora-tion , on obtient un sel neutre d'un gris verdâtre , qu'on nomme pierre à cautere ; ce sel est très-déliquescent , très-caustique & très-fusible , il ne peut être décomposé par les acides minéraux.

Si on expose au feu dans un creuset de la pierre à cautere , elle se liquéfie , se boursoufle, & se fond ; alors elle est fluide comme de l'huile & ne se boursoufle plus, pendant ce tems elle répand une odeur très-fétide ; si l'on tient cette matiere long-tems en fusion , l'acide phosphorique se dissipe , il ne refte plus au fond du creufet que de l'alkali fixe très-blanc.

Dans la Métallurgie on employe la pierre calcaire , pour fervir de fondant au fer ; on la nomme caftine.

La chaux éteinte a la propriété de dé-compofer le quartz ; le mortier qu'on em-ploye dans l'architecture , eft compofé de chaux éteinte & de quartz divifé.

SPATH FUSIBLE.

La pierre que je défigne fous le nom de fpath fufible eft un fel neutre , formé d'aci-de phofphorique & de terre abforbante ; fa pefanteur eft plus grande que celle des autres pierres ; ce fpath fufible fe caffe aifé-ment.

Le fpath fufible a été connu fous les noms de fpath vitreux & de petunzé ; ce fel n'eft point fufible fans intermede ; mêlé avec les alkalis & les fables , il les fait entrer rapidement en une fufion fluide ; on doit attribuer cette propriété à fon acide , de même que fa pefanteur.

La criftallifation du fpath fufible differe beaucoup de celle du fpath calcaire.

Le ſpath fuſible ne fait point efferveſcence avec les acides.

PREMIERE ESPECE.

*Spath fuſible criſtalliſé en priſmes à quatre
pans , terminés par une pyramide
à quatre pans.*

Ce ſpath eſt jaunâtre & demi-tranſpa-
rent, les priſmes ſont compoſés de pans
inégaux : il y en a deux larges & deux
étroits ; les pans d'égale largeur ſont oppo-
ſés , les faces de la pyramide qui répondent
aux côtés larges du priſme ſont triangulaires , les deux autres ſont des trapezes.

Ce ſpath ſe trouve en Auvergne ; ces
criſtaux ont quelquefois trois pouces & demi de haut & quinze lignes de diametre ;
ils ſont compoſés de petits feuillets quarrés
très-minces.

DEUXIEME ESPECE.

Spath fuſible cubique.

Les criſtaux de ce ſpath varient beaucoup par la grandeur, il y en a qui ont un pouce de diametre, d'autres n'ont qu'une ligne ; ils font compofés de petites lames quarrées ; ces fpaths different par la couleur ; il y en a de blancs, de jaunes, de bleus, de verds & de violets. Iis font ordinairement tranfparens. On trouve de ces cubes dont les angles font tronqués.

TROISIEME ESPECE.

Spath fufible criftallifé en lames quarrées ; dont les extrêmités font coupées en bifeaux.

Ces criftaux font blancs ou bleuâtres ; il y en a de tranfparens & d'opaques, ils varient par leur grandeur, il y en a qui ont vingt lignes, & d'autres fix.

Les criftaux de ce fpath fe trouvent prefque toujours grouppés.

QUATRIEME ESPECE.

Spath fufible perlé.

Les criftaux de çe fpath font de petites lames quarrées, renflées dans le milieu &

amincies vers leurs bords, ils font grouppés de différentes manieres, ils varient par
leur couleur & font ordinairement opaques.

Il y a de ce fpath qui eft blanc &
luifant comme les perles, il devient d'un
jaune doré, lorfqu'on met un peu d'acide
deffus.

CINQUIEME ESPECE.

Spath fufible ftrié.

Il eft jaunâtre & opaque, il fe trouve
dans le Comté de Sommerfet.

SIXIEME ESPECE.

Pierre de Bologne.

Ce fpath fufible eft grisâtre & demi-tranfparent ; il eft ordinairement compofé de
feuillets quarrés ; quelquefois ces criftaux
font difpofés en ftries & fe diftribuent du
centre à la circonférence.

On trouve fouvent du fpath fufible criftallifé irrégulierement, dans lequel on remarque différentes couleurs, du bleu, du

violet, du verd & du blanc ; ce fpath eft fufceptible du poli, mais il paroît étonné.

On trouve en Angleterre un fpath fufible bleu & blanc, avec lequel on fait des vafes.

On a donné le nom de fluòr ou de flux au fpath fufible, parce qu'il accélere la fufion des autres terres : dans les flux qu'on employe pour réduire les fubftances métalliques, on peut le fubftituer avec avantage au borax ; il fe fond fans fe bourfoufler, pourvû qu'on l'ait mêlé avec un peu d'alkali fixe, ou de terre calcaire.

Les fpaths fufibles deviennent phofphoriques par la calcination ; pour reconnoître cette propriété, il faut les préfenter au jour & les tranfporter enfuite dans un lieu obfcur, alors ils paroiffent rouges & pénétrés de feu ; pendant ce tems on n'apperçoit point de chaleur, & l'on remarque que cette propriété lumineufe fe diffipe bien-tôt dans l'obfcurité ; pour la faire reparoître, il faut expofer de nouveau au jour ces fpaths nommés phofphores de Boulogne.

Le fpath fufible devenu phofphorique par la calcination, répand une odeur de foie de foufre décompofé ; cette odeur devient plus forte fi l'on verfe deffus un acide.

KAOLIN, *terre à Porcelaine.*

La terre calcaire faturée d'acide vitriolique, produit le kaolin ; ce fel eft compofé d'acide phofphorique & d'acide vitriolique, combinés avec la terre abforbante.

Le kaolin fe trouve dans deux états dans la terre, l'un eft doux au toucher & très-divifé ; lorfqu'on le goûte il fe délaye dans la bouche ; lorfqu'on l'expofe au feu il perd fon onctuofité, fes molécules fe réuniffent ; il paroît alors grenu & ne fe divife plus lorfqu'on le goûte ; il y en a beaucoup de cette efpece.

Le kaolin fe trouve par couches comme l'argille, il contient fouvent du quartz, du mica, & quelquefois des terres métalliques.

Le kaolin blanc eft le plus eftimé, on en trouve une grande quantité en Auvergne.

On peut faire un kaolin artificiel en faturant d'acide vitriolique de la terre calcaire ; plus cette terre eft pure, plus le kaolin qu'on obtient eft beau ; quand la faturation eft faite, il faut avoir foin de laver le nouveau fel avec beaucoup d'eau & en-fuite le faire fécher ; ce kaolin eft d'une blancheur & d'une divifion furprenante. Il differe cependant un peu du kaolin natu-rel, ces fels éprouvant dans la terre de l'al-tération par le laps du tems.

Si l'on diftille le kaolin avec de l'acide vitriolique, il paffe en premier un peu d'a-cide fulphureux, enfuite de l'acide vitrio-lique ; il faut avoir foin de faire un feu affez fort pour rougir la cornue ; le réfidu de la diftillation leffivé produit par l'éva-poration de l'alun, celui-ci criftallife bien plus aifément que celui qu'on retire de l'argille par le même procédé ; les deux tiers du kaolin paffent à l'état d'alun, par ce moyen, tandis qu'il n'y a dans l'argille que les trois huitiémes qui puiffent fournir de l'alun.

De tous les intermedes terreux, c'eft le kaolin, qui eft le plus propre à décompofer le nitre.

AMIANTE, LIN FOSSILE.

L'amiante eft compofée de fibres flexi-bles, qu'on peut filer & employer pour faire

de

de la toile ; ce fel a toutes les propriétés du kaolin.

L'amiante de la Chine eft blanc & lui-fant comme du fatin, celui des Pyrenées eft gris, on en trouve quelquefois dans du fpath & dans du quartz.

Lorfque les fibres de l'amiante font entre-laffées & qu'elles paroiffent par leur con-texture former des feuillets, on le nomme *amiante feuilleté*, *cuir foffile*.

Lorfque les feuillets font plus épais, on le nomme *chair foffile*.

Le *liége foffile* ne differe du cuir foffile que par la maniere dont les fibres de l'a-miante font raffemblées.

Ces différentes efpeces d'amiante expo-fées au feu perdent de leur flexibilité, & fe vitrifient promptement lorfqu'elles font mê-lées avec des terres métalliques.

Un mélange de parties égales d'amiante, de fpath fufible & d'alkali fixe, fe fond très-facilement, & produit un verre tranfparent d'une couleur verte.

ASBESTE.

L'Asbefte eft de la même nature que l'a-miante.

E

L'asbefte eft ordinairement compofé de fibres paralleles très-fragiles ; elles different par la couleur, la groffeur & leur arrangement. Il y a des asbeftes blancs, de gris, de verts & de jaunâtres ; ils fe trouvent fouvent confondus avec l'amiante.

On a donné improprement le nom *d'alun de plume* à un asbefte blanc, qui fe divife aifément, & dont les fibres font très-fines.

L'asbefte peut fervir d'intermede pour décompofer le nitre.

MICA, VERRE DE MOSCOVIE.

Les criftaux du verre de Mofcovie font tranfparens & compofés de feuillets flexibles & très-minces ; ceux qu'on trouve dans les granits font quelquefois très-réguliers & repréfentent des prifmes à fix pans, d'une ligne d'épaiffeur, fur fix lignes de diametre ; ces prifmes ont trois de leur pans larges & trois étroits.

La grandeur des criftaux du verre de Mofcovie varie beaucoup ; j'en ai qui ont deux pieds & demi de long, fur un de large.

Le verre de Mofcovie expofé au feu fe

divife par feuillets & perd fa tranfparence.

M I C A.

Le Mica eft produit par la divifion des parties du verre de Mofcovie, il eft brillant & doit cette propriété à fa demi-tranf-parence.

On donne le nom d'argent de chat au mica blanc , d'or de chat à celui qui eft jaune.

Le mica varie beaucoup par la couleur ; il y en a de blanc , de jaune , de rouge, de noir , &c.

Le mica eft fouvent mêlé avec d'autres terres, pour le féparer il faut les laver ; étant plus léger , il refte plus long-tems fuf-pendu dans l'eau.

On trouve à Fecherolles , village fitué à une lieue de la forêt de Marly , une petite montagne compofée de mica, de fable rou-geâtre & de petites géodes martiales de la même couleur.

Il y a des argilles & des granits qui contiennent une grande quantité de mica.

Le mica peut fervir comme le kaolin pour décompofer le nitre ; l'acide nitreux

qu'on obtient par cet intermede, eſt très-
rutilant.

Si l'on diſtille du mica avec de l'acide
vitriolique, il paſſe d'abord de l'acide ſulphureux, enſuite de l'acide vitriolique; le
réſidu leſſivé produit des criſtaux d'alun
très-réguliers & en bien plus grande quantité que le tripoli & le kaolin ; ſi on employe un mica rougeâtre, la leſſive contient
un peu de vitriol martial.

PIERRE OLLAIRE.

Cette pierre a les propriétés du kaolîn ;
elle en differe par ſon onctuoſité, ſa couleur & l'union de ſes molécules qui la ren-
dent ſuſceptible du tour & du poli ; la
pierre ollaire perd au feu ſon poli & ſon
onctuoſité, elle y acquiert de la dureté.

PREMIERE ESPECE.

Serpentine.

La pierre ollaire varie par la couleur &
la fineſſe des molécules ſalines dont elle eſt
compoſée : on nomme Serpentine, celle où

l'on trouve des taches femblables à celles qu'on remarque fur la peau des ferpens ; cette efpece fe tourne facilement & reçoit le plus beau poli, elle eft ordinairement opaque & varie fingulierement par les nuances de la couleur verte qu'on y remarque.

DEUXIEME ESPECE.

Pierre de lard, ou Stéatite.

Cette pierre paroît graffe au toucher ; elle varie par la couleur; il y en a de tranfparentes & d'opaques : on apporte de la Chine des vafes & des figures de différentes formes, faits avec cette efpece de pierre ollaire : il y en a de très-blanche, qui eft demi-tranfparente; la grife eft ordinairement opaque.

TROISIEME ESPECE.

Pierre Néphrétique.

Cette pierre ollaire eft verdâtre & fragile, il y en a de ftriée.

QUATRIEME ESPECE.

Pierre de Come, ou *Colubrine*.

Cette pierre ollaire n'eſt point ſuſceptible du poli, elle eſt d'un gris plus ou moins
foncé, elle eſt ſouvent mêlée avec du mica,
on la tourne aiſément ; chez les Suiſſes on
fait des pots & des marmites avec cette
pierre ollaire ; ces vaiſſeaux n'ont point be-
ſoin d'être cuits avant d'être employés,
comme ceux qu'on fait avec de l'argille.

Ces eſpeces de pierres ollaires peuvent
ſervir d'intermedes pour décompoſer le
nitre.

Si l'on diſtille de la pierre de Come avec
de l'acide vitriolique, il paſſe en premier
de l'acide ſulphureux, enſuite de l'acide
vitriolique ; il faut avoir ſoin de faire un
feu aſſez fort pour rougir la cornue : le réſidu de la diſtillation leſſivé, produit, par
l'évaporation, de l'alun en plus grande quantité que l'argille.

TALC.

La pierre ollaire, dont les parties n'ont point affez d'adhérence pour être tournées, fe nomme Talc, & improprement craie de Briançon.

Le talc varie par fa couleur ; il y en a de blanc, de gris & de verdâtre ; ce dernier eft connu fous le nom de Talc de Venife.

Le talc eft opaque ou demi-tranfparent : fi on l'expofe au feu, il y perd fon onctuofité & fa couleur, il devient opaque & y acquiert beaucoup de dureté.

Un mélange de parties égales de talc, de fpath fufible & d'alkali fixe, a produit par la fufion un émail verdâtre, très-dur, quoique très-fufible.

Si l'on diftille de l'acide vitriolique fur du talc réduit en poudre, la plus grande partie fe change en acide fulphureux.

Argille, Terre glaife, ou Bol.

L'argille ne diffère du kaolin que par la matiere graffe qu'elle contient en plus grande quantité ; elle differe des terres pré-

cédentes par la facilité avec laquelle elle
fe divife dans l'eau ; on trouve de l'argille
par-tout, mais à différentes profondeurs,
quelquefois à la furface de la terre, fouvent
elle fert de bafe aux carrieres ; on en trouve
des bancs qui ont trente pieds d'épaiffeur &
quelquefois plus ; l'argille qu'on retire dans
les environs de Paris, fe trouve ordinairement à plus de foixante pieds de profondeur ; elle eft molle & fe laiffe aifément
couper.

On remarque que les lits dont les argil-
lieres font compofées font de différentes
couleurs ; les uns font noirs, les autres gris
& nuancés de différens rouges ; d'autres ont
une couleur grife uniforme ; on y trouve
des pyrites martiales.

L'argille en fe defféchant perd beaucoup
de fon volume, c'eft ce qu'on nomme retrait ; fi on l'expofe au feu lorfqu'elle n'eft
pas bien feche, elle décrépite, fe durcit,
& perd de fon poids ; celle qui eft colorée
fe vitrifie.

Il y a des argilles qui perdent à l'air leur
onctuofité & fe divifent par feuillets ; dans
cet état elles ne peuvent plus fe divifer
dans l'eau.

Les argilles contiennent fouvent du fable & du mica ; pour les féparer, il faut les délayer dans de l'eau ; ces différentes matieres fe précipitent, fuivant leur pefanteur fpécifique.

PREMIERE ESPECE.

Argille blanche.

Cette argille eft très-pure, elle fe divife aifément dans l'eau ; expofée au feu elle y perd fon onctuofité & elle y acquiert beaucoup de dureté ; fi alors on la caffe, on remarque dans la fracture des grains qu'on n'appercevoit point avant ; cette argille eft employée dans la compofition du bifcuit de la porcelaine, & dans celui de la belle fayance ; c'eft avec une efpece femblable qu'on fait les pipes blanches.

DEUXIEME ESPECE.

Argille grife.

Elle doit fa couleur à un peu de fer ; lorfqu'on l'expofe à un feu violent, fa furface fe vitrifie & devient brune.

Lorſque l'argille ſe diviſe aiſément dans l'eau, elle peut être employée pour fouler les étoffes ; on la nomme terre à foulons.

Il y a des argilles griſes qui ſe diviſent par feuillets ; lorſqu'elles reſtent expoſées à l'air, elles y perdent leur onctuoſité & ne peuvent plus ſe diviſer dans l'eau.

TROISIEME ESPECE.

Argille rouge, Bol.

Lorſque l'argille a une couleur rouge de brique, on la nomme bol d'Arménie ; c'eſt à de la terre martiale qu'elle doit ſa couleur ; ſi on expoſe ce bol à un feu violent, il ſe vitrifie & produit un émail noir.

Les différentes eſpeces de terre ſigilléee ſont des argilles colorées par la terre martiale.

QUATRIEME ESPECE.

Argille brune, terre d'ombre.

Elle doit ſa couleur au fer ; elle varie par ſes nuances, devient très-noire par la

calcination, & ne fe vitrifie point auffi aifément que le bol d'Arménie.

CINQUIEME ESPECE.

Argille verte, terre de Verone.

Elle doit fa couleur à du cuivre ; expofée
au feu, elle fe vitrifie & produit un émail
noirâtre.

SIXIEME ESPECE.

Tripoli.

Le tripoli eft une argille qui a perdu
fon onctuofité ; on le trouve difpofé par
lits ; ces lits font ordinairement compofés
de feuillets qu'on peut féparer.

Le tripoli varie par fa couleur ; il y en a
de blanc, de gris & de rougeâtre ; fi l'on
en met un morceau dans l'eau, il l'abforbe
avec bruit & il ne s'y divife point.

Le tripoli eft plus propre à décompofer
le nitre que l'argille, puifqu'il n'en faut que
deux parties pour en décompofer une de
nitre ; l'acide qu'on retire par cet intermede
eft très-rutilant & très-concentré.

Si l'on diftille du tripoli avec de l'acide vitriolique, il paffe premierement de l'acide fulphureux, enfuite de l'acide vitriolilique; le réfidu de la diftillation leffivé, produit, par l'évaporation, de l'alun & du vitriol martial.

Les différentes efpeces d'argille que je viens de décrire, font propres à décompofer le nitre & le fel marin; fi l'on diftille de l'argille blanche avec de l'acide vitriolique, il paffe d'abord de l'acide fulphureux, enfuite de l'acide vitriolique. Le réfidu de la diftillation leffivé produit, par l'évaporation, une efpece d'alun, qui criftallife très-difficilement.

Les argilles colorées étant très-fufibles, ne peuvent point être employées pour faire des ouvrages qui doivent éprouver un degré de feu confidérable.

L'argille blanche fert de bafe à la porcelaine de Saxe; on eft redevable du procédé qu'on employe pour la préparer à M. le Comte de Milly; il dit que c'eft avec de l'argille blanche, du quartz, du gypfe calciné & des teffons de porcelaine, qu'on prépare le bifcuit; que la macération de ces matieres, pendant l'efpace de fix mois, est ce qui contribue à la perfection de la pâte.

Voici la composition de la porcelaine qui doit éprouver le plus grand feu.

Argille blanche, cent parties.
Quartz blanc, neuf.
Tessons de porcelaine, sept.
Gypse calciné, quatre.

La couverte est aussi simple que la préparation ; elle est composée de huit parties de quartz blanc, de quinze parties de tessons de porcelaine, & de sept parties de cristaux de gypse calciné. *

SCHISTE, ou ARDOISE.

Le schiste est composé d'argille, de fer & d'alkali volatil ; il doit sa couleur & sa fusibilité au fer ; le schiste se trouve, de même que l'argille, en très-grande quantité dans la terre ; il diffère par la couleur & la dureté ; il y en a qui se divise par feuillets, on le nomme ardoise ; on y trouve quel-

* Art de la Porcelaine,

quefois des dendrites, des empreintes de poiſſons, & de fougeres, &c.

On remarque que les cavités laiſſées par les poiſſons ſont ordinairement remplies de pyrites martiales, jaunes & brillantes, ou de pyrites cuivreuſes; il y a des ſchiſtes qui ſervent de gangue à du cinabre, & qui contiennent entre les feuillets dont ils ſont compoſés, beaucoup de mercure natif.

Les ſchiſtes varient par la couleur; expoſés à un feu violent, ils produiſent un verre noir, opaque & cellulaire.

Quatre onces de ſchiſte diſtillées au fourneau de réverbere, ont produit un gros d'alkali volatil, qui faiſoit efferveſcence avec les acides; le réſidu de la diſtillation n'avoit point changé ſenſiblement de couleur.

Si l'on diſtille du ſchiſte avec de l'acide vitriolique concentré, il paſſe d'abord de l'acide ſulphureux, enſuite de l'acide vitriolique: le réſidu de la diſtillation eſt blanc, la leſſive évaporée produit de l'alun & du vitriol martial.

Le ſchiſte eſt propre à décompoſer le nitre, il en faut un tiers de moins que d'argille; dans le commencement de la

diſtillation, il ſe dégage des vapeurs blanches, qui ſe condenſent très-difficilement,
enſuite de l'acide nitreux fumant, qui colore en rouge les balons. L'acide qu'on
obtient par cet intermede eſt moins rutilant que celui qu'on retire par le moyen du
tripoli, parce qu'il eſt plus affoibli.

Le réſidu de la diſtillation eſt d'un rouge
pâle & inſipide.

L'aluminiſation du ſchiſte, la décom-
poſition du nitre, par cette même ſubſtance, indiquent ſes rapports avec l'argille.

PREMIERE ESPECE.

Schiſte, qui n'eſt point ſuſceptible du poli.

Cette eſpece eſt noirâtre & compoſée
de feuillets interrompus; on reconnoit par
ſa fracture qu'il y a des interſtices entre
ſes criſtaux, ils paroiſſent plus brillants que
ceux des autres. On trouve ſouvent dans
ce-ſchiſte des impreſſions de capillaires, de
fougeres & de poiſſons, des pyrites martiales & cuivreuſes, qui different beaucoup
par leurs formes.

DEUXIEME ESPECE.

Ardoise.

Ce schiste est bleuâtre ; lorsqu'il est nouvellement tiré de l'ardoisiere , il se divise
aisément par feuillets qui durcissent a l'air ;
on employe l'ardoise pour couvrir les bâtimens.

TROISIEME ESPECE.

Pierre noire.

Ce schiste est tendre & friable , il y en
a qui se divise par feuillets ; d'autres contiennent une grande quantité de pyrites
martiales , & tombent en efflorescence ; il y
en a une espece , dont on fait des crayons.

QUATRIEME ESPECE.

Pierre à aiguiser.

Ce schiste se trouve disposé par couches , il varie par la couleur ; il y en a de
gris ,

gris, de jaune & de noir ; ces pierres font employées avec de l'huile pour aiguiser les inftrumens d'acier ; on les taille auffi en prifmes quarrés de différentes groffeurs ; ils fervent à polir les ouvrages d'or & d'argent : on les nomme pierres à polir.

MARNE.

La marne eft compofée d'argille & de craie; elle fe trouve par lits de différentes épaiffeurs à la furface de la terre, quelquefois très-profondément ; elle varie par la couleur, & la liaifon de fes parties ; il y en a qui peut être travaillée comme l'argille & qui en a l'onctuofité ; on diftingue facilement la marne de l'argille, parce qu'elle fait effervéfcence avec les acides, & qu'au feu elle fe change en un verre fpongieux ; plus la marne contient de fer, plus elle fe fond promptement ; la marne brune produit par la fufion un verre noir, opaque & cellulaire ; il reffemble à la pierre-ponce par fa légereté, il nage fur l'eau.

Pour déterminer la quantité de craie qui eft contenue dans une marne, il faut verfer de l'acide nitreux deffus, jufqu'à ce qu'il

F

ne fe faſſe plus d'e ſervefcence ; enfuite il
faut la leſſiver à pluſieurs eaux ; ce qui reſte
eſt la terre argilleuſe , qui étoit dans la
marne.

La marne eſt employée comme un engrais
propre à pluſieurs efpeces de terres végétales ; mais comme la marne ne ſe rencontre
point dans toutes les contrées , ne pourroit-
on point y fuppléer par un mélange de craie
& d'argille ?

GYPSE, SÉLÉNITE, PIERRE
A PLATRE.

Le gypfe eſt un ſel neutre , compofé
d'acide vitriolique & de terre abforbante ; il y en a des carrieres immenfes dans
différentes contrées ; dans les plâtrieres de
Montmartre , on trouve de l'argille & des
marnes de différentes couleurs , des blocs
de grès aſſez confidérables , dans lefquels il
y a des cavités qui repréfentent la forme
de différens coquillages.

Le gypfe varie par fes criftalliſations.

PREMIERE ESPECE.

Gypfe rhomboïdal decahedre.

Les criftaux de ce gypfe ſont tranſparens.

DEUXIEME ESPECE.

Gypse cunéiforme.

Les criſtaux de cette eſpece de gypſe repréſentent des triangles iſocelles ; on remarque vers leur partie ſupérieure un angle rentrant, & dans le milieu une ligne perpendiculaire ; ces criſtaux triangulaires ſont compoſés de criſtaux rhomboïdaux, qui peuvent ſe diviſer par feuillets ; les criſtaux de cette eſpece, qu'on trouve dans les plâtrieres de Montmartre, varient beaucoup par leurs grandeurs ; ils ſont ordinairement jaunâtres ; la pointe du triangle eſt tournée du côté du zénith.

TROISIEME ESPECE.

Gypse lenticulaire.

Les criſtaux de cette eſpece de gypſe ſe trouvent grouppés & en morceaux ſéparés, ils ſont renflés dans le milieu & amincis vers les bords ; ces criſtaux varient par la grandeur ; ils ſont ordinairement jaunâtres & demi-tranſparens.

QUATRIEME ESPECE.

Gypſe ſtrié.

Ce gypſe eſt ordinairement opaque &
compoſé de fibres parallelles, il y en a de
très-brillant ; il ſe trouve à la Chine , & en
Sybérie.

CINQUIEME ESPECE.

Pierre à Plâtre.

Lorſque les criſtaux de gypſe ſont raſſem-
blés confuſément, & qu'on ne peut diſtinguer que difficilement leurs formes, on les
nomme Pierre à Plâtre ; elle eſt aſſez dure,
mais elle n'eſt point ſuſceptible du poli ;
cette pierre eſt blanchâtre, on y trouve
quelquefois des parties oſſeuſes, qui n'ont
point éprouvé d'altération.

SIXIEME ESPECE.

Albâtre gypſeux.

Les criſtaux dont ce gypſe eſt compoſé
ſont ſi fins qu'on ne peut point les diſtin-

guer ; il e~ ordinairement blanc , demi-
tranſparent & ſuſceptible du poli.

L'albâtre gypſeux varie par la couleur ,
le blanc eſt le plus eſtimé.

SEPTIEME ESPECE.

Gypſe friable.

Cette eſpece de gypſe eſt ordinairement
très-blanche ; les molécules ſalines dont
il eſt compoſé ſont opaques , très-aiſées à
diviſer.

J'ai trouvé dans la montagne de S. Ger-
main en Laye , une argille griſe & rouge ,
qui étoit remplie de criſtaux de gypſe
blanc , tranſparens & ſouvent grouppés ,
chaque criſtal étoit compoſé d'un priſme à
ſix pans comprimés , dont deux étoient
larges & rhomboïdes. Ces priſmes ſont
tronqués obliquement , leurs extrêmités
offrent des pyramides obtuſes à quatre
pans , dont les plans ſont des trapezes.

Toutes les eſpeces de gypſe que je viens
de décrire ont les mêmes propriétés , ils
ne different que par la forme de leurs criſtaux , par la calcination ils perdent l'eau de

leur criftallifation, & diminuent d'un cin-
quiéme de leur poids ; lorfqu'on réduit en
poudre du gypfe nouvellement calciné &
qu'on le mêle avec de l'eau, il l'abforbe
avec rapidité & fans chaleur fenfible ; alors
les molécules falines reprennent l'eau qui
leur eft néceffaire pour criftallifer ; c'eft à
cette nouvelle criftallifation qu'eft due l'adhérence & la folidité de ces maffes falines ;
elles ne ceffent que lorfque le plâtre fe décompofe, ce qui lui arrive quand fon acide
fe modifie & fe combine avec le phlogiftique, qui fe dégage des corps par la putréfaction.

Lorfqu'on calcine du gypfe, il faut être
attentif au degré de feu qu'on lui fait
éprouver ; fi ce font des criftaux qu'on
expofe au feu, on remarque qu'ils pétil-
lent, qu'ils perdent leur tranfparence, &
qu'ils fe divifent par feuillets ; plus ils ont
été calcinés long-tems, plus ils s'exfolient;
dans cet état, ils ne font plus propres à
former corps : lorfqu'on les mêle avec de
l'eau ils fe réduifent en poudre, & l'on
remarque qu'il s'excite un degré de chaleur
fenfible, en même tems il fe dégage une
odeur de foie de foufre décompofé ; cette

odeur eſt bien plus forte, ſi l'on verſe de l'a-
cide ſur le plâtre ; on doit l'attribuer au foie
de ſoufre qui s'eſt formé pendant la calcination du gypſe trop long-tems continuée, alors
une partie de l'acide vitriolique qu'il contient s'unit avec le phlogiſtique & forme
du ſoufre ; celui-ci ſe combine avec la terre
abſorbante du gypſe & forme le foie de
ſoufre terreux, qui produit les phénomenes
que je viens de décrire.

Le gypſe qui a éprouvé une longue calcination bleuit, après avoir été expoſé à
l'air quelque tems, & après avoir répandu
une odeur de foie de ſoufre décompoſé ;
c'eſt par l'émaration d'une odeur ſemblable
que l'air qu'on reſpire dans les bâtimens
nouvellement enduits de plâtre, devient
dangereux & occaſionne de grands accidens
lorſqu'on les occupe trop tôt.

Le ſtuc ſe prépare avec le plâtre, les
ouvriers portent la plus grande attention à
ſa calcination ; ils réduiſent la pierre à
plâtre en morceaux de la groſſeur d'une noix,
ils les mettent dans un four, qu'ils ont eu
ſoin de faire rougir, ils en retirent de tems
en tems quelques morceaux pour reconnoître où en eſt la calcination ; lorſqu'ils s'ap-

perçoivent qu'ils ne font plus brillans dans leur intérieur, ils les retirent du four ; la dureté du ftuc dépend de la calcination du gypfe ; lorfqu'on le veut employer, on le met en poudre, enfuite on le détrempe avec de l'eau où l'on a fait diffoudre de la colle ; on peut y introduire différentes couleurs.

Lorfque le ftuc eft fec, on le polit à peu près comme le marbre, & l'on finit par le frotter avec de l'huile.

QUARTZ, ou CRISTAL DE ROCHE.

Le quartz eft un fel compofé d'acide vitriolique & de terre abforbante, qui a éprouvé une altération particuliere, qui la rapproche de l'alkali fixe.

La criftallifation du quartz eft femblable à celle du tartre vitriolé, fes criftaux font ordinairement compofés de prifmes hexagones, dont les extrêmités font terminées par des pyramides à fix pans.

Lorfque le quartz eft pur, il eft tranf-parent & a la fragilité du verre ; il en diffère en ce qu'il n'eft point fufible fans in-termede ; quelques Naturaliftes lui ont cependant donné le nom de vitrifiable.

Le quartz peut être décompofé par la terre calcaire calcinée, comme on le remarque dans la préparation du mortier ; la combinaifon qui réfulte de ce mélange criftallife promptement & produit des fels infolubles, qui acquierent avec le tems la plus grande dureté : voici comment fe produit la décompofition du quartz ; l'acide phofphorique qui fe trouve dans la chaux s'unit à la bafe du quartz qui a des propriétés femblables à celles de l'alkali fixe & produit du Bafalte ; l'acide vitriolique du quartz s'unit à la terre abforbante de la chaux & forme du gypfe.

Le quartz n'a point la pefanteur du fpath fufible, ce qui annonce que dans ce fel neutre, l'acide qui y eft contenu eft très-différent de celui du fpath fufible. Le quartz expofé au feu n'y éprouve point d'altération, le fpath fufible s'y décompofe, & devient phofphorique ; enfin fi l'on expofe au feu un mélange de ces deux fels, il fe fond très-aifément, quoiqu'ils fuffent infufibles féparément ; dans cette opération l'acide phofphorique du fpath fufible s'unit à l'efpece d'alkali qui fert de bafe au quartz, & il fe forme un fel fufible.

Le quartz ſe trouve en différens états dans la terre , ſouvent en maſſes irrégulieres , tranſparentes , ou opaques ; lorſqu'il affecte une criſtalliſation réguliere , on le nomme criſtal de roche.

PREMIERE ESPECE.

Quartz criſtalliſé , Criſtal de roche.

Ces criſtaux repréſentent des priſmes hexagones , terminés par des pyramides à ſix pans ; les priſmes de ces criſtaux varient par leurs grandeurs ; on en trouve quelque-fois dont les pyramides ne paroiſſent avoir que trois pans. Les criſtaux de roche ſe trouvent preſque toujours grouppés , il y en a qui renferment de l'amiante & des mouſ-ſes , d'autres ont des cavités qui contiennent de l'eau ; on trouve des criſtaux de roche dont les pyramides ſont rapprochées & qui n'ont point de priſmes intermédiaires.

DEUXIEME ESPECE.

Quartz blanc tranſparent , Criſtal de Madagaſcar.

On rencontre dans cette Iſle des car-

rieres immenfes de ce quartz; il y en a où
l'on trouve des criftaux réguliers de mica,
& des criftaux de fchirl de différentes couleurs.

TROISIEME ESPECE.

Quartz grenu.

Les blocs de ce quartz font compofés de
petits criftaux irréguliers & tranfparens,
entre lefquels on remarque des interftices.

QUATRIEME ESPECE.

Quartz rougeâtre & opaque, Hyacinte de Compoftelle.

Les criftaux de cette efpece de quartz
repréfentent des prifmes hexagones terminés
par des pyramides à fix pans ; on trouve
des hyacintes qui font rouges & opaques
à l'extérieur, blanches & tranfparentes dans
l'intérieur.

La hyacinte ne s'altere point fenfiblement au feu.

CINQUIEME ESPECE.

Quartz transparent & violet, Améthiste.

Les criftaux d'améthifte reffemblent à ceux du quartz, ils n'en different que par la couleur ; lorfqu'on les expofe au feu, ils la perdent promptement. La couleur de l'améthifte eft due à du cobolt, uni à de l'acide marin.

On trouve des fpaths fufibles violets & tranfparens, on les nomme fauffe améthifte ; ils different de la vraie par la dureté & la criftallifation ; les criftaux de fpath fufible font ordinairement cubiques.

SIXIEME ESPECE:

Quartz, avec des cavités.

On trouve des quartz tranfparens, ou opaques, dans lefquels on remarque des cavités cubiques ou hexagones ; les premieres font dues à des criftaux de fpath fufible qui fe font décompofés ; les dernieres, à des criftaux de fpath calcaire.

SEPTIEME ESPECE.

Quartz opaque & cellulaire, Pierre meuliere:

Ce quartz eſt très-dur & ſe trouve en morceaux détachés de différentes groſſeurs, il varie par la couleur , ſouvent il eſt rempli de cavités qui contiennent de la terre martiale rougeâtre ; on l'emploie pour faire les fondemens des édifices.

G R E' S.

Le grès eſt compoſé de petites parties de quartz arrondies & unies enſemble, il y en a des carrieres dans différentes contrées; elles ſont quelquefois découvertes & offrent des maſſes de différentes groſſeurs ; on trouve à Fontainebleau des rochers de grès très-conſidérables , & la terre en paroît couverte.

Le grès varie par la couleur & la ſolidité : cette derniere dépend de la fineſſe des molécules de quartz dont il eſt compoſé.

Il y a des eſpeces de grès qui ſe diviſent facilement en cubes ; d'autres , lorſqu'on les caſſe, offrent des cavités arrondies.

PREMIERE ESPECE.

Grès compact.

Il eſt ordinairement d'un gris blanchâtre & aſſez dur pour faire feu avec le briquet, on l'employe pour faire des meules à rémoudre & pour paver ; il y a du grès de cette eſpece de différentes couleurs, de jaune, de brun & de rouge ; ces couleurs ſont dues à de la terre martiale.

DEUXIEME ESPECE.

Grès poreux , Pierre à filtrer.

Ce grès eſt moins dur que le précédent, l'eau le pénetre & détruit ſouvent l'adhérence des molécules de quartz dont il eſt compoſé.

TROISIEME ESPECE.

Grès, avec des coquilles.

On trouve quelquefois dans les différentes eſpeces de grès des coquilles qui ſont

de nature calcaire ; il y a dans les plâtrieres de Montmartre des blocs de grès
grisâtres affez durs , dans lefquels on trouve des cavités , & les noyaux de différentes efpeces de coquilles , des cames , des
vis , &c.

On remarque fouvent; à la furface des
différentes efpeces de grès , dont je viens
de parler , des dendrites noires , ou rougeâtres.

S A B L E S.

Le fable eft compofé de molécules de
quartz , on en trouve des montagnes entieres ; ce fable eft ordinairement très-pur ;
celui qui fe trouve dans les plaines l'eft
moins.

Les fables colorés contiennent des terres métalliques.

Le fable des Fondeurs fe tire de Fon-
tenay-aux-Rofes , village fitué à une lieue
de Paris ; il eft jaunâtre & très-divifé ; pour
l'employer & le rendre propre à faire des
moules , ils le mêlent avec de la poudre
de charbon.

Ce fable fe trouve affez profondément
en terre.

CAILLOU, AGATE.

Le caillou ne differe du quartz que par la forme, il se trouve toujours en masses irrégulieres & éparses, il est ordinairement opaque. Dans sa fracture, il ne paroît pas brillant comme le quartz ; le caillou poli n'a ni éclat ni brillant ; lorsqu'il en est susceptible, & qu'il est demi-transparent, on le nomme agate.

La forme & la grosseur des cailloux varient beaucoup, presque tous sont recouverts d'une croûte ; quelques-uns sont pleins, d'autres sont creux, & leur intérieur est tapissé de cristaux de quartz très-réguliers ; ceux-ci se trouvent souvent recouverts de cristaux de spath calcaire, qui varient par leurs formes & leurs couleurs ; il y a des cailloux dont les cavités sont remplies de mammelons dont les extrêmités sont terminées par des stalactites très-minces, formées de petits cristaux de quartz ; on nomme géodes les cailloux qui sont creux ; on peut quelquefois reconnoître par leurs surfaces, si elles sont cristallisées intérieurement ; alors on y remarque des cavités hexagones ou pentagones.

PREMIERE

PREMIERE ESPECE.

Caillou grossier & opaque, pierre à fusil.

Sa couleur varie, il y en a de blancs, de gris, de jaunâtres, de rougeâtres & de bruns ; on en trouve qui paroissent vermoulus dans leur intérieur & dont les petits sillons sont enduits de terre martiale jaunâtre.

Les cailloux exposés au feu perdent leurs couleurs, ceux qui sont gris deviennent blancs, ceux qui sont jaunâtres noircissent ; la terre martiale jaune qu'on trouve dans les cailloux qui paroissent vermoulus, devient noire par la calcination.

Les cailloux qui contiennent beaucoup de terre métallique se fondent aisément ; ceux qui n'en contiennent point, résistent au feu de même que le quartz.

Les cailloux se trouvent en grande quantité dans les bancs de craie, leur surface est quelquefois noire, & leur intérieur d'un gris cendré.

G

DEUXIEME ESPECE.

Caillou arrondi & applati , Galet.

On trouve des cailloux opaques arrondis, applatis & de différentes couleurs , fur les bords de la mer , & des rivieres , on les nomme galets ; on en rencontre quelque-fois à la furface de la terre, fur des terreins affez élevés ; dans les plaines de Salency, fituées à quelques lieues de Noyon , la terre paroît couverte l'efpace d'une lieue de petits galets noirs , de la groffeur d'une noix.

TROISIEME ESPECE.

Caillou brun & opaque , Caillou d'Egypte.

Ce caillou eft d'un brun plus ou moins foncé , & parfemé de dendrites noirâtres ; il prend, par le poli, l'éclat de l'agate.

AGATE.

L'agate ne differe du caillou que par la fineffe des molécules de quartz dont elle eft composée ; elle est ordinairement transparente, elle paroît luisante dans sa fracture ; on y remarque souvent les couleurs les plus vives & les mieux nuancées ; les agates, de même que les cailloux, se trouvent en masses éparses & arrondies, leur surface est grossiere, & souvent remplie de cavités.

PREMIERE ESPÈCE.

Agate blanche & transparente, Cacholong.

Cette espece d'agate est blanche, plus ou moins transparente ; exposée au feu, elle y devient opaque.

DEUXIEME ESPECE.

Agate blanche, demi-transparente &
chatoyante, Opale.

Cette agate exposée au jour chatoye de la maniere la plus vive & la plus agréable ; elle perd cette propriété par la calcination.

TROISIEME ESPECE.

Calcedoine.

Cette agate est à peine demi-transparente;

elle eſt d'un blanc laiteux , & quelquefois bleuâtre.

QUATRIEME ESPECE.

Cornaline.

Cette agate eſt rouge & tranſparente , elle varie par ſes nuances ; ſur un fond blanc & tranſparent , on ne trouve ſouvent que quelques taches ou dendrites rouges ; la cornaline devient blanche & opaque par la calcination.

CINQUIEME ESPECE.

Sardoine.

Cette agate eſt de couleur orangée, elle devient blanche & opaque par la calcination.

SIXIEME ESPECE.

Praſe , ou *Chryſopraſe.*

Cette agate eſt d'un verd clair & demi-tranſparente , elle devient blanche & opaque par la calcination.

SEPTIEME ESPECE.

Onix.

Les agates compofées de couches de différentes couleurs, font nommées onix, elles font ordinairement opaques.

HUITIEME ESPECE.

Pierre d'Hirondelle, ou de Saffenage.

Ces agates font demi-fphériques ou ovales, elles ne font fouvent pas plus groffes que la femence de lin, elles varient par leurs couleurs.

Les dendrites qu'on trouve dans plufieurs efpeces d'agates, font dues à de la terre martiale; lorfqu'on les calcine l'arborifation devient noire.

Le nom de caillou a été quelquefois donné à des morceaux de quartz tranfparent, qui avoient perdu de leur tranfparence, par le frottement qu'ils avoient éprouvé; ils portent les noms des lieux où on les a ramaffés, cailloux du Rhin, cailloux de Médoc, &c.

G iij

La plûpart des fubftances végétales &
animales éprouvent dans la terre une altération finguliere ; quoiqu'elles ne changent
fouvent point de formes, elles y paffent à
l'état d'agate, quelques-unes font en même
temps pénétrées de terres métalliques auf-
quelles elles doivent leur couleur.

On a trouvé des noix dont l'amande
étoit agatifée & dont la coquille étoit encore
ligneufe.

JASPE.

Le jafpe eft compofé, de même que l'a-
gate, de molécules de quartz ; il n'en
differe que parce qu'il eft opaque & qu'il fe
trouve en roches très-confidérables, ou par
filons ; il n'eft point luifant dans fa fracture ; il eft fufceptible d'un beau poli ; on
rencontre quelquefois dans le jafpe des
criftaux réguliers de quartz très-pur.

Les jafpes varient beaucoup par leurs
couleurs.

PREMIERE ESPECE.

Jafpe blanc.

Ce jafpe eft un quartz opaque.

DEUXIEME ESPECE.

Jaspe verd d'olive.

Ce jaspe est de couleur verdâtre, on en trouve quelquefois dans la terre des morceaux taillés en triangles isocelles, renflés dans le milieu & amincis vers les bords, on les nomme pierres de circoncision ; il y a lieu de croire qu'elles servoient de coins pour diviser le bois & non pour circoncire ; la grandeur de ces pierres varie ; il y en a qui ont un pied de long, sur trois pouces de large vers la base du triangle ; d'autres n'ont que deux pouces de long sur huit lignes de largeur vers leur base ; on trouve aussi quelquefois de ces morceaux de jaspe dont la forme représente des haches.

TROISIEME ESPECE.

Jaspe verd.

Il varie par ses nuances, il doit sa couleur à du cobolt ; exposé à un feu violent, il devient bleuâtre.

G iv

Lorſque le jaſpe verd eſt mêlé de taches rouges, on le nomme jaſpe ſanguin.

Les jaſpes jaunes, bruns & rouges doivent leurs couleurs à de la terre martiale ; expoſés au feu, ils y deviennent noirs & s'y vitrifient quelquefois.

GRAVIER.

Le gravier eſt compoſé de parties de quartz, de cailloux, d'agate, de jaſpe, de pierre calcaire, &c. quelquefois il contient des petites parties de minéraux auxquelles il doit ſa couleur ; la groſſeur des parties qui compoſent le gravier varie beaucoup, on le nomme ordinairement ſable ; * on trouve dans celui des rivieres des petites coquilles de l'eſpece des nérites, dont les couleurs ſont vives & agréables.

On trouve à la ſurface de la terre, dans des endroits ſouvent fort éloignés des lits des rivieres, des amas immenſes de gravier dépoſés par couches, qui varient par la fineſſe des parties qui les compoſent.

---

* Le ſable eſt compoſé de parties de quartz très-diviſées.

GRANIT.

On nomme granit les pierres qui font compofées de cailloux ou de graviers cimentés enfemble , & dont les interftices font remplies par une matiere de même nature. Ces granits portent différens noms, fuivant les fubftances dont ils font compofés.

PREMIERE ESPECE.

Granit compofé de cailloux , Poudingue.

Il eft fufceptible d'un beau poli.

DEUXIEME ESPECE.

Granit.

Il eft compofé de quartz, de mica , & de fchirl noir ; quelquefois il eft coloré en rouge par de la terre martiale ; on en trouve qui ne contient ni mica , ni fchirl.

TROISIEME ESPECE.

Caillou de Rennes.

Cette efpece de granit a un fond rougeâtre , les taches qu'on y remarque font jaunâtres & de la grandeur d'une lentille, il ne se fond point au feu ; le fond rouge y noircit.

QUATRIEME ESPECE.

Porphire.

Le fond de ce granit est d'un rouge foncé, il est parsemé de petits points de quartz blanc & opaque ; ces taches blanches sont de différentes grandeurs dans la même table de porphire, elles n'ont point de figures régulieres.

Le porphire devient noir par la calcination, il se fond lorsqu'on l'expose à un feu violent.

CINQUIEME ESPECE.

Porphire verd antique, Ophite.

Cette espece de granit est à taches, quarré long, verd clair ; disposées souvent en forme d'étoile, ou de croix sur un fond verd foncé ; c'est l'ophite noir des Anciens.

Ce porphire, exposé au feu, y perd sa couleur ; les taches y deviennent blanchâtres, & le fond rougeâtre.

Toutes ces efpeces de granit font feu avec le briquet, font très-dures & très-difficiles à polir.

On trouve des carrieres de granit dans différentes contrées ; ils varient par leur dureté, elle dépend de la quantité de mica, de fchirl & de quartz dont ils font compo-fés ; ceux qui font noirs doivent cette couleur au fchirl, ils fe fondent très-aifément & produifent un verre noir & cellu-laire ; ceux où il ne fe trouve que du mica ne fe fondent point de même ; leur furface fe vitrifie, mais les morceaux ne fe réuniffent point en une maffe vitreufe.

Le granit qui contient beaucoup de fchirl eft fragile & beaucoup moins dur que les autres.

Le quartz qui fert de bafe au granit eft feuilleté, il reffemble par fon extérieur au fpath, & eft connu fous le nom de *Feld-Spath.*

Le porphire des Anciens fe tiroit de l'Arabie déferte & de la Numidie.

Z É O L I T E.

Cette pierre ne fait point effervefcence avec les acides , qui la diffolvent & la réduifent en une gelée tranfparente ; le verre qui réfulte de parties égales de quartz & de chaux , pénétré par les acides , fe change également en gelée ; la zéolite me paroît être compofée de terre calcaire & de quartz; elle eft opaque, fait feu avec le briquet, & eft fufceptible du poli.

La zéolite expofée au feu fe fond & produit un verre opaque & cellulaire.

PREMIERE ESPECE.

Zéolite blanche.

Elle eft compofée de criftaux prifmatiques & raffemblés ; ils partent d'un point commun, & font difpofés en éventail.

DEUXIEME ESPECE.

Zéolite rouge.

Cette zéolite eft d'un rouge clair , elle eft compofée de parties très-fines , elle eft fufceptible du poli , & fait feu avec le briquet.

Expofée à un feu violent, elle fe vitri-fie & produit un émail gris-blanc & cel-lulaire.

La zéolite a la propriété de décompofer le nitre; il faut en employer deux parties contre une de falpêtre , l'acide nitreux qu'on obtient par cet intermede eft rutilant & très-pur ; il refte dans la cornue une maffe opaque , cellulaire , rougeâtre & infoluble.

La couleur de la zéolite rouge eft due a du fer ; j'en ai diftillé une partie avec huit de fel ammoniac , le fel qui s'eft fublimé a pris une belle couleur jaune , ce qui reftoit au fond de la cornue étoit très-blanc.

J'ai diftillé quatre cens grains de zéolite avec de l'huile de vitriol , il a paffé d'abord de l'acide fulphureux , enfuite de l'huile de vitriol ; le réfidu avoit confervé la couleur rouge de la zéolite & pefoit quatre-vingt grains de plus; par la leffive, j'en ai retiré du vitriol martial & un peu d'alun.

TROISIEME ESPECE.

Zéolite bleue, Lapis lazuli.

Le lapis fait feu avec le briquet , eſt ſoluble ſans efferveſcence , dans les acides avec leſquels il forme des gelées tranſparentes ; lorſqu'on réduit du lapis en poudre dans un mortier de fer , il s'en dégage une odeur de foie de ſoufre décompoſé ; lorſqu'on verſe de l'acide deſſus , l'odeur eſt bien plus forte ; le lapis eſt coloré par le fer , mais la matiere qui donne au fer qu'il contient cette belle couleur bleue , eſt bien différente de celle qui colore le bleu de Pruſſe , puiſque le fer contenu dans le lapis eſt ſoluble dans les acides , & que le bleu de Pruſſe n'en eſt point ſenſiblement attaqué.

Le lapis expoſé au feu ſe fond facilement & ſe change en un émail noir , cellulaire ; réduit en poudre , il eſt en partie attirable par l'aimant.

J'ai diſtillé une partie de lapis avec huit parties de ſel ammoniac ; il a paſſé en premier une liqueur jaunâtre , qui avoit l'odeur

de foie de foufre décompofé ; il s'eft enfuite fublimé du fel ammoniac d'une belle
couleur jaune, le réfidu étoit grifâtre.

Le lapis réduit en poudre & préparé
eft nommé outremer, celui qu'on débite
dans le commerce, n'eft fouvent qu'un
beau fmalt.

BASALTE, SCHIRL, ou SCHORL.

Le mot fchirl *ou* fchorl a été intro-
duit par les Allemands, on a défigné fous
ce nom le bafalte fibreux & celui qui eft
tranfparent.

Le bafalte eft compofé d'acide phofphorique combiné avec un alkali femblable à
celui qui fert de bafe au quartz ; il contient
prefque toujours des terres métalliques,
excepté le diamant.

Le bafalte varie beaucoup par la forme,
la couleur & la dureté ; on en trouve de
tranfparent dans le criftal de roche de Madagafcar.

La forme des criftaux de bafalte eft prefque toujours prifmatique, ils varient par
leur grandeur, leur largeur & le nombre des pans dont les prifmes font compofés.

PREMIERE ESPECE.

Bafalte criftallifé en prifmes à quatre pans.

Il eſt rougeâtre & opaque ; ces priſmes ſont applatis, rhomboïdes & compoſés de quatre pans égaux ; ils varient par leur largeur & leur grandeur ; il y en a qui ont un pouce de large & ſix lignes de long, d'autres ont ſix lignes de large & un pouce de long; ils ſont compoſés de petits feuillets quarrés.

DEUXIEME ESPECE.

Bafalte criftallifé en prifmes quarrés, Macle.

Ces criſtaux ſont jaunâtres & opaques ; ſi on les coupe on reconnoît qu'ils ſont compoſés de quatre triangles ſéparés par deux lignes croiſées, qui repréſentent une croix, ou une X ; quelquefois on trouve au milieu de ces criſtaux un priſme quarré noir, des angles duquel ſortent quatre raies noires,

noires, la surface des prismes est d'un gris
d'ardoise ; on en trouve en Bretagne, ils
varient par leur grosseur & leur longueur ;
il y en a qui ont quatorze lignes de diametre, tandis que d'autres n'ont pas plus de
trois lignes ; ces derniers ont quelquefois
quatre ou cinq pouces de long, ils se ren-
contrent dans du schiste ; les gros prismes
n'ont souvent pas plus de six lignes de haut ;
la croix qu'on y remarque les a fait porter
en amulette ; j'en ai vû qui étoient entou-
rés de diamans.

TROISIEME ESPECE.

Basalte cristallisé en prismes à six pans.
Pierre de Croix.

Ce basalte est gris & opaque, il répré-
sente en relief une croix ; cette figure résulte de deux prismes croisés ; l'un est composé de six pans égaux, l'autre a deux
pans plus étroits.

Ces trois especes de basalte exposées à
un feu violent, se fondent & se gonflent
beaucoup ; ils produisent un émail blanc,
parsemé de bulles d'émail noir.

H

QUATRIEME ESPECE.

Bafalte noir dont les prifmes font terminés
par des pyramides

Ces criftaux font connus fous le nom
de fchorl de Madagafcar ; ce font des
prifmes à neuf pans, dont trois font larges, les fix autres font beaucoup plus petits & de largeur inégale ; ces prifmes font
ordinairement terminés par deux pyramides obtufes à trois pans, dont la furface
eft polie & brillante, de même que celle des
côtés du prifme.

Les criftaux de ce bafalte font opaques
& fragiles, ils paroiffent vitreux dans leur
fracture ; expofés à un feu violent, ils produifent un émail d'un gris blanchâtre ; ils
contiennent cependant un peu de fer, qu'on
peut féparer, par la fublimation, avec le fel
ammoniac.

La tourmaline eft un bafalte demi-
tranfparent, elle eft brune & criftallifée
comme le fchorl de Madagafcar ; elle fe
vitrifie aifément, & produit un émail plus
blanc.

CINQUIEME ESPECE.

Basalte noir , opaque , décahedre.

On trouve ces criftaux dans des érup-
tions jaunâtres & poreufes, de la Solfatare ;
ils n'ont pas plus de deux lignes de lon-
geur fur une de large , ils paroiffent rhomboïdes.

SIXIEME ESPECE.

Basalte noir rayonné.

Il fe trouve dans du quartz , il eft compofé de petites fibres irrégulierement difpofées ; il eft quelquefois criftallifé en prifmes à fix pans.

Les parties noires qu'on remarque dans
les granits , font des fragments de bafalte ;
on y rencontre quelquefois plufieurs prifmes réunis.

SEPTIEME ESPECE.

Basalte tranfparent , Schorl.

Les criftaux de cette efpece de bafalte
font très-minces, ils repréfentent des prif-

mes à fix pans ftriés ; on les trouve dans
le criftal de roche de Madagafcar ; il y en
a de jaunâtres , de verdâtres & de rougeâtres.

J'ai vû des prifmes de ce fchorl du diametre de huit lignes, & de trois pouces de
long ; il y en a auffi de lamelleux, femblable au fpath fufible.

HUITIEME ESPECE.

Bafalte vert , opaque , Schirl.

· Ces criftaux font des prifmes affez minces , affemblés confufément ; on trouve ce
bafalte en maffes moins confidérables que
ceux qui fuivent.

NEUVIEME ESPECE.

Bafalte vert , feuilleté.

Ces criftaux font des lames , ou feuillets
allongés très-minces , ils font affemblés
confufément ; la couleur eft d'un vert d'o-
live; on en trouve dont les feuillets font
moins longs , & d'une couleur verte foncée.

Il y a un bafalte verdâtre , compofé de parties très-fines ; il eft beaucoup plus dur & plus fufible que les autres.

DIXIEME ESPECE.

Bafalte rougeâtre ftriè , Schorl.

Il eft compofé de prifmes ftriés, allongés , très-minces & affemblés confufément; il fait feu avec le briquet de même que les précédens.

ONZIEME ESPECE.

Bafalte feuilleté , noirâtre..

Ces criftaux font compofés de lames , ou feuillets ; ils fe trouvent en Bretagne.

DOUZIEME ESPECE.

Bafalte , Pierre de colonnes.

Les criftaux de ce bafalte font des prifmes tronqués, qui ont quatre, cinq, fix , fept, huit & neuf pans d'inégale largeur; on en trouve des amas immenfes dans différentes contrées ; on diftingue trois efpeces de bafalte , à prifmes d'une feule piece , à prifmes articulés , à prifmes lamelieux ; les deux premieres efpeces fe trouvent prefque toujours perpendiculaires à l'horifon.

Bafalte à prifmes d'une feule piece.

On en trouve de cette efpece en Auvergne ; près le village d'Efpailly , fur le territoire de Farraignhe , il y a une carriere abondante en prifmes de bafalte ; il eft plein , fonore & d'un gris foncé ; la hauteur des prifmes exploités depuis le fommet , jufqu'à la furface de la riviere , a trente-quatre toifes. M. Beoft de Varennes, dans fon voyage d'Auvergne , dit qu'on pourroit compter trois fois autant de hauteur , fi l'on comptoit d'un endroit où l'on a pofé une croix , ce qui feroit fix cens douze pieds.

Il fe détache quelquefois des maffes de bafalte de trente toifes de longueur fur quinze ou vingt de hauteur & de plufieurs de profondeur ; on les trouve fouvent couchées horifontalement.

Le diametre de ces prifmes a un pied,

un pied & demi, & quelquefois plus ; les prifmes à cinq pans, qu'on trouve proche le village d'Uſſon, n'ont pas plus de huit ou neuf pouces de diametre.

TREIZIEME ESPECE.

Baſalte dont les prifmes ſont articulés.

La chauſſée des Géans, en Irlande, eſt compoſée de prifmes articulés ; ils ſont aſſemblés par leurs côtés & ne laiſſent point d'intervalle entr'eux ; ils ont quelquefois ſoixante & même cent toiſes de longueur ; la hauteur & la largeur varient ; il y a de ces prifmes qui ont dix, vingt & trente pieds de hauteur, & ſouvent beaucoup plus ; leur diametre d'angle à angle, eſt depuis un pied juſqu'à trois & quatre ; les articulations des prifmes ont ſouvent dix ou douze pouces, quelquefois beaucoup plus ; les ſurfaces qui forment les aſſiſes du prifme, ſont alternativement concaves & convexes, de maniere que le convexe d'une articulation s'emboîte dans le concave de l'autre ; les portions convexes ou concaves ſont parfaitement rondes ; il reſte tout au tour de fa circonférence un filet plat, large d'environ un pouce, qui forme une furface plate pentagone, ou hexagone, fuivant le nombre des côtés du prifme.

Les rochers de Blaud, fitués à une lieue de Langeac en Auvergne, font compofés de prifmes articulés d'un gris d'ardoife; dans l'intérieur de ces prifmes, on trouve des efpaces plus ou moins grands, de diver-fes formes, & exactement remplis de crif-taux verdâtres & tranfparens, mal liés, & s'égrainant facilement. Ces criftaux font des chryfolites, ils ne s'alterent point au feu.

Le bafalte articulé, qu'on trouve pro-che S. Alcon, ne contient point de chry-folite, comme celui de Blaud; on remar-que dans cet endroit une colonnade de prif-mes, dont la façade porte vingt à vingt-cinq toifes de longueur, les pans des prif-mes font ordinairement liffes; il y a de ces prifmes qui ont vingt & un pouces de diametre.

QUATORZIEME ESPECE.

Bafalte lamelleux. Pierre de touche.

M. Pazumot dans fon Mémoire fur les terreins volcanifés, rapporte que les plus grandes plaques du bafalte lamelleux ont huit pieds ; leur épaiffeur eft de trois ou fix pouces.

Il y a du bafalte lamelleux qu'on peut divifer en feuillets , comme l'ardoife ; on l'employe pour couvrir les maifons.

La pierre de touche dont les Orfévres fe fervent pour reconnoître le cuivre d'avec l'or , eft une efpece de bafalte feuilleté , noirâtre , fufceptible d'un beau poli ; en frottant des métaux fur cette pierre ils y laiffent un trait coloré ; en paffant de l'acide nitreux deffus , l'or n'y eft point foluble ; les traits que l'argent ou le cuivre y ont laiffés difparoiffent fur le champ.

On trouve dans les prifmes de bafalte de St. Sandoux en Auvergne , des petites pyrites cuivreufes & de la terre martiale jaune.

Les Egyptiens faifoient des Statues & différens vafes , avec une efpece de bafalte noir , fufceptible d'un beau poli.

Plus les parties dont le bafalte eft compofé font fines , plus il eft dur & pefant , plus il fe fond aifément.

Le bafalte doit fa pefanteur & fa fufibilité à l'acide phofphorique ; ce n'eft point

un produit de volcans , comme on l'a avan-
cé , mais une criftallifation particuliere, à
laquelle le feu n'a point eu de part. Les pyrites cuivreufes & la terre martiale jaune,
que contiennent les bafaltes de S. Sandoux,
le démontre. La pyrite cuivreufe fe décompofe en éprouvant l'action du feu, la terre
martiale y devient rouge.

Les différentes efpeces de bafalte expofées
au feu , fe vitrifient facilement & fe changent en un émail noir , plus ou moins
foncé ; il y en a qui produifent un émail
cellulaire ; je crois qu'on doit attribuer les
laves poreufes au bafalte fondu.

Le bafalte peut fervir d'intermede pour
décompofer le nitre ; fi l'on diftille une
partie de ce fel , avec deux de bafalte, on
obtient un efprit de nitre rutilant très-pur.

Les acides ne font point effervefcence
avec le bafalte, l'acide vitriolique concentré en dégage des vapeurs femblables, par
leur odeur , à celle du fer attaqué par le
même acide, elles en different en ce qu'elles
ne font point inflammables ; fi l'on diftille
du bafalte avec de l'acide vitriolique , le
réfidu eft gris; leffivé & évaporé, il produit du vitriol martial.

J'ai sublimé de ces différentes especes de basalte avec huit parties de sel ammoniac, il s'est coloré en jaune ; l'extrêmité du bec de la cornue & les parois du récipient étoient enduits de sel ammoniac, coloré en vert clair, mêlé de lilas ; ces couleurs font dûes à la petite portion de cobalt que le basalte contient quelquefois.

GRENATS.

Les grenats varient par leurs couleurs, il y en a de rouges, de violets, de bruns & de verdâtres ; ils ont plusieurs des propriétés du basalte, ils en different par leurs cristal-lisations, & la facilité avec laquelle ils se fondent ; ils se trouvent dans le mica, la serpentine, le quartz, &c. On les rencontre ordinairement en cristaux solitaires.

PREMIERE ESPECE.

Grenats dodécahedres.

On trouve rarement ces cristaux régu-liers.

DEUXIEME ESPECE.

Grenats à vingt-quatre facettes.

Les plans de ces criftaux font rhomboï-des, ou trapézoïdes.

TROISIEME ESPECE.

Grenats feuilletés.

J'ai trouvé dans un mica noirâtre des criftaux de grenats feuilletés, ils étoient de la largeur d'un pouce, & avoient une ligne d'épaiffeur ; il y avoit plufieurs lames femblables pofées les unes fur les autres.

On trouve des grenats dans les mines de cuivre fulphureufes de Suede.

La pefanteur fpécifique des grenats eft due à l'acide phofphorique. Les grenats ont pour bafe les mêmes fubftances que le bafalte.

Les grenats expofés au feu s'y fondent & produifent un très-beau verre rouge foncé, demi-tranfparent ; cette couleur eft due à de la terre martiale. J'ai fublimé une partie de grenats avec huit parties de sel ammoniac, & j'ai obtenu de très-belles fleurs de Mars.

Les grenats ne contiennent point d'étain ; dans un des essais que j'ai fait pour obtenir le métal de ces cristaux , j'en ai mis dans un creuset brasqué , je les ai recouverts de charbon , j'ai exposé le mélange à un feu violent ; quand il a été réfroidi, j'ai trouvé dedans une masse vitreuse verdâtre, transparente & composée de petites boules creuses ; ce verre nageoit sur l'eau.

PIERRES PRÉCIEUSES.

Les pierres précieuses different du quartz par leur dureté, leur pesanteur & la forme de leurs cristaux ; il y en a dont la cristallisation ressemble à celle du basalte.

EMERAUDE.

Cette pierre est verte & transparente ; elle varie par sa cristallisation & les nuances de son vert.

PREMIERE ESPECE.

Emeraude criſtalliſée en priſmes à ſix pans tronqués.

Ces criſtaux n'ont ſouvent pas plus de quatre ou cinq lignes de longueur, ſur deux lignes de largeur ; ils ſont quelquefois un peu applatis ; j'en ai vu dans des morceaux de quartz blanc tranſparent ; on en trouve de cette eſpece au Bréſil & au Pérou.

DEUXIEME ESPECE.

Emeraude criſtalliſée en priſmes à huit pans d'inégale largeur, terminés par une pyramide triangulaire fort obtuſe.

Cette eſpece d'émeraude ſe trouve au Bréſil, on remarque ſur les pans de petites cannelures longitudinales ; il y en a quelquefois une qui rentre en dedans en forme de goutiere.

TROISIEME ESPECE.

Emeraude décahedre.

Ces criſtaux ſont formés de deux pyramides quadrilateres , jointes bafe à bafe, dont les fommets font tronqués & terminés par un plan rectangle, ou quarré long.

Ces émeraudes viennent de Carthagêne ; elles font connues fous le nom de Morillon, ou Negres-cartes.

Henckel dit avoir vû une émeraude prifmatique quadrangulaire , avec une pointe applatie.

Plus les émeraudes font tranfparentes , moins leur couleur s'altere au feu ; elles y deviennent opaques ; il y en a qui fe vitrifient à leur furface , qui fe change en un émail blanc & cellulaire.

TOPASE.

La topafe a une couleur jaune plus ou moins foncée ; expofée au feu elle y devient d'un blanc laiteux, elle fe vitrifie à fa furface.

PREMIERE ESPECE.

Topafe criftallifée en prifmes à huit pans inégaux, terminés par deux pyramides hexagones tronquées.

La topafe de Saxe eft un prifme à huit pans inégaux, terminés par deux pyramides hexaèdres tronquées, le prifme eft compofé de quatre hexagones oppofés deux à deux, & de quatre trapezes allongés auffi oppofés deux à deux ; les plans de chaque pyramide font deux grands pentagones, quatre petits trapezes, & un hexagone allongé.

Ce criftal a vingt-deux facettes.

DEUXIEME ESPECE.

Topafe criftallifée en prifmes quadrilateres rhomboïdaux, terminés par une pyramide quadrangulaire.

Ce prifme dont la bafe offre une furface plane rhomboïdale, eft remarquable en ce que fes quatre faces font légérement canne-lées, comme celle de l'émeraude du Bréfil; la pyramide eft compofée de plans trian-gulaires.

TROISIEME ESPECE.

Topafe dont les criftaux font décahedres.

Ils font compofés de deux pyramides à quatre pans, jointes par leurs bafes, & dont les fommets font tronqués.

La

La topafe expofée à un feu violent eft devenue blanche & demi - tranfparente, comme la calcédoine.

HYACINTE.

L'hyacinte eft d'une couleur rouge, tirant fur le jaune ; lorfqu'elle eft d'un rouge cramoifi, tirant fur celui du grenat, on la nomme vermeille ; c'eft le *giacinto guarnacino* des Italiens.

L'hyacinte criftallife en prifmes quadrilateres, terminés à l'un & l'autre bout par une pyramide quadrangulaire, dont les plans font rhomboïdes & alternativement oppofés aux faces du prifme.

On trouve des criftaux de cette efpece dans le ruiffeau d'Efpailly, à une demie lieue de la ville du Puy en Velay, on les nomme jargons d'hyacinte du Puy.

L'hyacinte expofée au feu le plus violent perd fa couleur, & conferve fa tranf_ parence ; fes criftaux fe vitrifient à leurs furfaces & adherent entr'eux, & aux parois du creufet.

PERIDOT.

Cette pierre eft d'un vert clair, & quelquefois foncé; fes criftaux font des prifmes
à fix pans, d'inégale largeur, il y en a trois
larges & trois étroits; un des pans larges
eft liffe, les deux autres font légérement
ftriés; des trois pans étroits, l'un eft rele-
vé de trois cannelures, les deux autres font
ftriés; le prifme eft terminé par deux pyramides obtufes, compofées de cinq plans
triangulaires, dont un plan eft plus large.

Le péridot perd fa couleur au feu, il y
devient blanc & opaque, fe vitrifie & fe
bourfoufle à fa furface.

SAPHIR.

La couleur de cette pierre eft d'un bleu
plus ou moins foncé; lorfque le faphir eft
d'un bleu clair, on le nomme faphir d'eau;
il perd un peu de fa couleur au feu, & il fe
vitrifie à fa furface.

J'ai vu trois faphirs qui avoient des crif-
tallifations différentes; l'un repréfentoit un
prifme à fix pans comprimés, dont deux

étoient larges & oppofés , les quatre autres petits & légérement ftriés ; le fommet du prifme étoit dihedre , fes pans inégaux ; l'un large & pentagone , l'autre un trapeze.

L'autre faphir repréfentoit un cube, dont les plans étoient rhomboïdes.

J'ai vû le troifiéme dans le Cabinet du Roi, il repréfente un prifme à neuf pans ftriés, il a près d'un pouce de diametre & environ dix lignes de haut ; fa couleur eft très-foncée.

CHRYSOLITE.

Cette pierre eft d'un vert clair, elle eft très-dure & ne perd point fa couleur au feu le plus violent ; elle fe vitrifie à fa furface, & ne change point fenfiblement de forme.

Les criftaux de la chryfolite repréfentent des prifmes à fix pans , terminés par deux pyramides tetrahedres ; le prifme eft compofé de deux rectangles oppofés, & de quatre hexagones , auffi oppofés deux à deux ; la pyramide eft formée de deux hexagones & de deux rhombes oppofés. Ces criftaux ont quatorze facettes.

D I A M A N T.

Cette pierre eſt très-dure & très-peſante ;
ſa criſtalliſation la plus ordinaire eſt octa-
hedre. * Boyle a appris aux Phyſiciens que
le diamant expoſé à un feu violent exhaloit
des vapeurs abondantes & très-âcres, qu'en
ſuite il ſe diſſipoit. **

Le Diamant que j'ai expoſé au feu a
répandu j des vapeurs âcres, accompagnées
d'une lumiere diſtincte, qui formoit une
auréole autour de lui ; pendant ce temps il a
changé de forme, peu après il a diſparu.
Le diamant étant compoſé d'acide phoſphorique & d'un alkali fixe, ſemblable à celui du
quartz ; cet acide s'uniſſant avec le phlogiſtique forme du phoſphore, qui ſe décompoſe
aiſément par le moyen du feu ; l'alkali fixe qui

* M. Dengeſtrom qui a traduit en Anglois la Minéralogie
de M. Cronſted, rapporte dans une Note, qu'il a vû un
diamant brut, dont la criſtalliſation repréſentoit un cube
dont les angles étoient tronqués.

A Syſtem of Mineralogy .p. 48.

I have Lately ſeen a Rough Diamond, or in its native
ſtate, in a regular cube, with its angles truncated or cut off.

** Boyle de gemmarum origine. P. 34. & 36.

fervoit de bafe au diamant, eft enlevé dans le temps de la déflagration du phofphore.

Diamant rouge , Rubis.

Sa couleur eft d'un rouge plus ou moins foncé, fes criftaux font octahedres, comme ceux du diamant ; expofés au feu le plus violent, ils ne perdent point leur couleur & ne s'y fondent point. J'ai fondu un gros de rubis avec deux gros d'alkali fixe, j'ai obtenu un verre brun & opaque ; j'ai enfuite mêlé ce verre avec trois parties de fel ammoniac, j'ai diftillé ce mélange ; il a paffé d'abord de l'alkali volatil, enfuite du fel ammoniac coloré en jaune ; ce qui annonce une portion de fer dans le rubis, puifqu'en mettant de la noix de galle dans la diffolution de ce fel ammoniac, il s'eft fait de l'encre.

Toutes les pierres précieufes font de la même nature que le bafalte, elles n'en different que parce qu'elles contiennent beaucoup moins de terre métallique.

J A D E.

Cette efpece de bafalte fe trouve en maffe irréguliere comme les cailloux, on en

ramaffe fur les bords de la riviere des Ama-
zones ; le jade eft demi-tranfparent, il varie
par fa couleur ; il y en a d'un blanc laiteux
& de verdâtre, fa pefanteur & fa dureté
approchent de celle du diamant ; on ignore
les moyens que les Indiens employent pour
le travailler.

Le jade verdâtre & demi-tranfparent devient blanc & opaque par la calcination,
à un feu violent il fe vitrifie & fe bourfoufle.

TERRE VÉGÉTALE.

On diftingue différentes efpeces de terres
végétales ; elles font compofées d'argille,
de fable, de terre abforbante & de fer,
auquel elles doivent leur couleur brune.

La terre végétale eft ordinairement produite par la décompofition des végétaux,
il s'en forme journellement.

PREMIERE ESPECE.

Terreau de couche.

Il eft compofé de végétaux & de fiente
des animaux herbivores, altérée par la
putréfaction ; il eft d'un brun noirâtre ; fi

on l'examine à la loupe, on reconnoît qu'il
eft rempli de petits vers, & d'une quantité
innombrable d'animalcules ; fi l'on étend
fur une planche du terreau , fi enfuite on
l'expofe au foleil , chaque molécule paroît
animée & en mouvement, à mefure qu'il fe
deffeche on voit le mouvement fe rallentir,
& les petits animaux qu'on appercevoit à
l'aide de la loupe , perdent leur forme ;
lorfque le terreau eft defféché, on n'y apperçoit plus de mouvement.

Le terreau diftillé produit de l'alkali volatil & de l'huile empyreumatique.

DEUXIEME ESPECE.

Terreau végétal.

Il differe beaucoup du terreau de couche, il eft moins propre à produire une végétation prompte , il contient beaucoup moins
d'alkali volatil & d'huile.

TROISIEME ESPECE.

Terre végétale.

Les terreaux perdent en peu de temps
leur propriété hâtive, & paffent à l'état

de terre végétale ; la terre végétale elle-même s'épuife & ne feroit plus propre à la végétation, fi on ne la ranimoit, pour ainfi dire, par des engrais ; la végétation eft produite par l'alkali volatil, dégagé des matieres putréfiées ; mais s'il eft combiné avec des acides, il faut alors employer des terres calcaires pour le dégager ; la marne eft fouvent employée avec le plus grand fuccès, de même que les cendres de bois, &c.

Comme les proportions des différentes terres qui compofent la terre végétale varient beaucoup, il faut être très-attentif à la nature de l'engrais qu'on employe ; lorfque l'argille y eft en trop grande quantité, il fuffit fouvent d'y mettre du fable pour empêcher que dans un temps de féchereffe le collet de la plante ne foit trop ferré ; car l'argille éprouvant en fe defféchant un retrait confidérable, fait fouvent périr les jeunes plantes.

La terre noire des jardins fe vitrifie au feu & produit un émail verdâtre & cellulaire.

La terre végétale produit, par la diftillation, beaucoup moins d'alkali volatil & d'huile, que les précédentes.

QUATRIEME ESPECE.

TERRE FRANCHE.

Cette terre eſt d'une couleur jaunâtre, elle eſt compoſée d'une grande quantité d'argille mêlée de ſable, de craie & de fer, elle n'eſt point auſſi propre à la végétation que les autres ; on en trouve des bancs qui ont vingt & trente pieds d'épaiſſeur ; on rencontre dedans des veines de terre calcaire, des maſſes de cailloux blanchâtres, qui ſont très-tendres lorſqu'on les retire de la terre ; j'ai ſouvent trouvé dedans, en les caſſant, des cavités remplies d'eau très-pure, inodore & inſipide ; ces maſſes de cailloux expoſées à l'air y prennent en peu de temps la plus grande dureté.

La terre franche détrempée avec de l'eau ſert de mortier pour lier enſemble les moël-lons, on l'employe dans les campagnes pour faire les murs de clôture.

Cette terre peut ſervir à faire des pote-ries verniſſées, & le biſcuit de la fayance.

Si on expoſe de la terre franche à un feu violent, elle ſe change en un émail verdâtre & cellulaire.

Cette terre peut fervir à luter les cornues.

T O U R B E.

On donne le nom de tourbe à un entaffe-
ment de matieres végétales à demi pour-
ries , il fe fait tous les jours de nouvelles
additions dans les tourbieres ; les végétaux
qui croiffent dans ces endroits ne fe détruifent
auffi facilement , que parce qu'il s'y trouve
beaucoup d'eau, elle fe communique par im-
bibition, comme dans une éponge, jufqu'aux
nouvelles pouffes ; celles - ci fe fanent à
leur tour , pourriffent & forment une efpece de fumier où croiffent de nouvelles her-
bes, de maniere qu'il y a des tourbieres fort
anciennes & très-profondes.

On reconnoît deux efpeces de tourbe :
l'une qu'on nomme limonneufe & qui fe
trouve au fond de l'eau à feize ou dix-fept
pieds; elle eft plus pefante, plus compacte
& dure plus long-temps au feu que celle
qui fe trouve à la furface de la terre , qui
eft fibreufe & compofée d'un amas de plantes peu altérées ; celle-ci eft plus légere,
s'allume plus aifément & donne moins de
chaleur.

La tourbe décompofée par le feu à peu près comme le bois qu'on veut réduire en charbon, en produit un qui dure très-long-temps au feu & qui donne une chaleur égale. Boyle en faifoit très-grand cas, & a prouvé qu'on pouvoit l'employer pour la fonte des métaux.

PREMIERE ESPECE.

Tourbe fibreuse.

Elle eft noirâtre & compofée de débris de végétaux ; il y en a où l'on peut encore reconnoître l'efpece de plantes dont elle eft formée.

La tourbe de Villeroy produit, par fa diftillation, de l'alkali volatil & une matiere oleo-favonneufe ; les cendres de cette efpece de tourbe font jaunâtres, elles ne produifent point de fel par la leffive ; fi on les expofe à un feu violent, elles s'y vitrifient, & fe changent en un émail noir.

La tourbe de Picardie eft plus noire que celle de Villeroy, elle n'en differe que parce qu'elle contient une bien plus grande quantité de fer ; ces cendres font rougeâtres ; expofées au feu le plus violent elles noirciſſent & ne ſe vitrifient point ; dans cet état elles ſont entiérement attirables par l'aimant.

DEUXIEME ESPECE.

Tourbe limonneuſe de Hollande.

Elle eſt préférable pour l'uſage à la tour-be dont je viens de parler, elle en differe eſſentiellement par les matieres dont elle eſt compoſée ; elle eſt noire & compacte, elle ne paroît point fibreuſe, elle produit par la diſtillation un eſprit acide, une huile légere, qui ſe fige en réfroidiſſant, & qui prend une conſiſtance ſemblable à celle du beurre de Cacao.

Les cendres de cette eſpece de tourbe ſont griſàtres, elles produiſent par la leſſive, de la ſélénite, du ſel marin à baſe terreuſe & du ſel de glauber ; le réſidu expoſé au feu ſe change en un émail noir.

Si l'on verſe ſur de la cendre de cette tourbe de l'acide nitreux, il ſe fait un peu d'efferveſcence ; ſix heures après, le tout ſe change en une gelée tranſparente ſemblable à celle que produit la zéolite.

L'odeur que répand en brûlant la tourbe

limonneuſe de Hollande eſt beaucoup moins
déſagréable que celle de la tourbe de Villeroy ; le charbon qu'elle produit reſte plus
long-temps embraſé ; le charbon de la tourbe en brûlant ſe couvre de cendres à ſa
ſurface, tandis que dans ſon intérieur il eſt
rouge & embraſé; ſi l'on n'y touche point
il conſerve ſa forme & ſon volume.

ERUPTIONS DE VOLCANS.

Les volcans rejettent différentes matieres fondues , elles varient par leur couleur & leur peſanteur ; il y en a de com-
pactes & de cellulaires, elles ſont ordinairement opaques, elles renferment quelquefois des ſubſtances qui ne paroiſſent point
avoir éprouvé l'action du feu.

PREMIERE ESPECE.

Lave compacte.

Elle eſt très - dure, on en trouve de griſe
& de rougeâtre. Naples eſt pavé avec une
lave de cette eſpece ; ſi on l'expoſe à un
feu violent , elle ſe change en un émail
noir.

DEUXIEME ESPECE.

Lave poreufe.

Elle varie par la couleur, elle eft criblée de petits trous ; la pierre de Volvic, qu'on employe pour la bâtiffe en Auvergne, eft de cette efpece ; elle eft très-dure & ne s'altere point à l'air.

On trouve en Auvergne des laves cellulaires, noirâtres, très-légéres, dont les cavités font rondes & ont une ligne ou une ligne & demie de diametre ; quoique cette lave foit criblée de trous, elle a beaucoup de dureté ; on la nomme *lapillo*, lorfqu'elle eft en petits morceaux ; cette lave expofée au feu fe change en émail noir, femblable à celui que produit le bafalte qu'on trouve dans cette même Province.

TROISIEME ESPECE.

Pierre-ponce.

Cette éruption differe des autres par fa légéreté & fa couleur ; il y en a de blanche, de grife, de jaune & de brune ; elle eft cellulaire. La pierre-ponce paroît compofée de ftries paralleles très-fines, & quelquefois entortillées.

La pierre-ponce réduite en poudre & expofée à un feu violent, fe change en verre blanc.

QUATRIEME ESPECE.

Pouzzolane.

C'eft une lave qui paroît compofée de petits fragmens affemblés, & qui n'ont que peu d'adhérence entr'eux ; elle varie par la couleur & la divifion des parties dont elle eft compofée ; il y en a de jaunâtre & de rougeâtre.

CINQUIEME ESPECE.

Pierre obfidienne, ou de gallinace.

Cette éruption eft un émail noir ; on le trouve en maffes confidérables en Iflande, & dans d'autres contrées ; on ne remarque ni pores ni bulles dans cet émail ; lorfqu'il eft en petites lames & qu'on le regarde à la lumiere d'une chandelle, il paroît demi-tranfparent.

Les émaux que produifent les autres érup-
tions de volcans, lorfqu'on les expofe à un
feu violent, font femblables à la pierre de
gallinace.

SIXIEME ESPECE.

Scories de Volcans.

Elles font brunes, quelquefois jaunâtres;
on remarque à leur furface & dans l'intérieur, de grandes cavités, elles fe décompofent fouvent à l'air; on trouve dans des
fcories de cette efpece de petits criftaux
décahedres de bafalte noir.

La pierre obfidienne, de même que la
lave poreufe noirâtre, me paroiffent devoir
leur naiffance à du bafalte fondu.

Les pierres-ponces font produites par des
marnes vitrifiées.

Fin de la feconde Partie.

TROISIEME

TROISIEME PARTIE.

DES SUBSTANCES MÉTALLIQUES.

LES fubftances métalliques different par leurs propriétés, leurs couleurs, leurs odeurs, leurs pefanteurs & leur ductilité ; il y en a qui s'évaporent fans fe décompofer lorf- qu'on les expofe au feu ; d'autres s'y décom- pofent & répandent une odeur défagréable & pernicieufe ; quelques-unes réfiftent à l'action du feu ; les fubftances métalliques font divifées en métaux & en demi-métaux ; les premiers font ductiles, les demi-métaux ne le font pas ; ils alterent même la ducti- lité des métaux.

Les fubftances métalliques font effentiel- lement compofées d'une terre qui leur eft propre , combinée avec le phlogiftique ; on nomme chaux ces terres métalliques privées de phlogiftique ; elles ont une couleur bien différente de celle du métal , dont elles font la bafe ; la plûpart de ces chaux fe vitrifient

K

lorfqu'on les expofe au feu ; elles produi‑
fent des verres colorés, dont la couleur eft
différente de la chaux & du métal ; quelques-uns de ces verres font diffolubles dans
les acides.

Les métaux & les demi-métaux fe trouvent quelquefois dans la terre fans être mi-
néralifés , on les nomme métaux vierges ;
mais ils font ordinairement unis avec le
foufre , ou avec l'arfenic ; on croyoit qu'ils
fervoient à minéralifer toutes les fubftances
métalliques. En 1765 , j'ai rendu publiques
les découvertes que j'avois faites de trois
nouveaux minéralifateurs , l'acide marin ,
l'alkali volatil & la matiere graffe produite
par l'alkali volatil décompofé.

Les fubftances métalliques unies à un de
ces cinq minéralifateurs, font connues fous
le nom de mines ; elles font fragiles & ont
des couleurs bien différentes des métaux
qu'elles contiennent ; elles font ordinairement criftallifées : quelquefois le fer & la
terre abforbante deviennent l'intermede de
combinaifon du foufre avec les fubftances
métalliques , ce qu'on reconnoît aifément
dans l'or minéralifé de Hongrie , & dans la
blende.

Les métaux & les demi-métaux se trouvent souvent confondus lorsqu'ils sont minéralisés, ils se trouvent dans la terre à différentes profondeurs; on nomme mines, ou minieres, les lieux où on les rencontre en masses immenses, ou en filons, ou en veines, qui ont ordinairement un foyer commun; leurs gangues varient. Pour retirer les mines de la terre, on est obligé de faire des puits & des galleries; on a recours à la poudre à canon pour détacher plus promptement & plus aisément de gros morceaux de mines; pour en retirer le métal, on les bocarde, on les lave, on les calcine & on les fond avec du charbon dans des fourneaux, dont la construction differe suivant l'espece de métal qu'on doit y traiter.

Toutes les substances métalliques qui font minéralisées par l'acide marin, l'alkali volatil & la matiere grasse, produite par l'alkali volatil décomposé, n'ont pas besoin de torréfaction.

Le mercure peut servir à l'exploitation de l'or & de l'argent qui ne sont point minéralisés, cette méthode est employée au Pérou; si elle est prompte, elle n'est pas moins coûteuse que celle que l'on feroit

K ij

par la fufion, car on perd l'argent qui eſt
minéralifé par l'acide marin. J'ai reconnu
qu'il ſe trouvoit en très-grande quantité
dans les mines d'argent de cette contrée ;
l'or minéralifé peut y être auſſi commun
qu'en Hongrie. Si on faifoit plus d'attention à l'intérêt qui peut réſulter d'une exploitation faite avec foin, on cultiveroit la
Docimaſie.

MERCURE ou VIF-ARGENT.

Le mercure eſt la feule ſubſtance métallique qui foit fluide, il eſt blanc & brillant comme l'argent, il n'a ni goût ni
odeur ; il paroît plus froid que les autres
fluides ; quoiqu'il reçoive également les impreſſions de l'atmoſphere, ce dont on s'apperçoit en mettant un thermometre dans
du mercure, il y conſerve le degré de l'atmoſphere. Le mercure eſt le fluide le plus
propre à faire reconnoître la température
de l'air ; les thermometres faits avec
du mercure font plus certains & préfé-
rables dans les expériences ; le thermometre à l'efprit-de-vin ne peut être expofé
au degré de chaleur de l'eau bouillante,

puifqu'il eft réduit en vapeurs avant d'avoir
éprouvé ce degré ; le mercure ne peut être
volatilifé qu'à un degré de chaleur beaucoup plus confidérable ; un grand froid peut
geler l'efprit-de-vin & rompre les thermometres. M. de Maupertuis l'a éprouvé à
Torneo ; les thermometres de mercure n'y
auroient point éprouvé d'altération, quoiqu'un très-grand froid puiffe le folidifier,
comme le prouvent les expériences faites à
S. Peterfbourg ; mais le froid artificiel qu'on
produifit alors, étoit beaucoup plus confidérable que celui que M. de Maupertuis
éprouva à Torneo.

Le mercure diffout la plûpart des fubftances métalliques fans effervefcence & fans
chaleur fenfible ; cette diffolution fe nomme amalgame. L'or & l'argent font les métaux avec lefquels le mercure s'unit le plus
facilement, les autres métaux & demi-métaux perdent une partie de leur phlogiftique par l'amalgame ; lorfqu'on les diftille,
on trouve une partie de ces métaux fous
forme de chaux.

Le mercure n'éprouve point d'altération
par les diftillations répétées ; je ne connois
point le moyen de le réduire en chaux.

K iij

Le mercure combiné avec l'acide vitriolique, forme le turbith minéral ; avec l'acide nitreux, le nitre mercuriel ; avec l'acide marin, le sublimé corrosif.

Le mercure n'est jamais minéralisé que par le soufre ; on le trouve quelquefois sous forme métallique.

MERCURE VIERGE.

On en trouve dans la plûpart des mines avec de la pyrite martiale, dans du schiste, ou dans d'autres terres.

Pour l'obtenir il suffit de distiller les terres qui en contiennent dans une cornue de fer ou de verre.

CINABRE.

Le mercure combiné avec le soufre forme un sel insoluble, qui cristallise ordinairement en fibres, ou filets paralleles ; on le nomme cinabre ; il y en a d'opaque & de transparent

PREMIERE ESPECE.

Cinabre opaque.

Il se trouve comme les autres mines

mêlé avec différentes terres & des pyrites
martiales , quelquefois il eſt ſtrié ; mais le
plus ſouvent on ne peut point déterminer,
ſa figure ; il eſt rouge , mais cette couleur.
eſt elle-même très-variée ; il y en a d'un
rouge brun , dont on dégage du mercure en
l'échauffant dans les mains.

DEUXIEME ESPECE.

*Cinabre tranſparent d'une couleur rouge
ſemblable à celle du rubis.*

Il criſtalliſe en priſmes triangulaires terminés par des pyramides triangulaires tronquées.

Ce cinabre eſt très-rare , celui que j'ai
vient du Duché de Deux-Ponts ; il eſt entre
deux filons de quartz ; entre ces criſtaux on
trouve de l'aſphalte très-pur & du mercure
vierge.

Pour retirer le cinabre des pierres & des
terres avec leſquelles il eſt mêlé , il faut les
réduire en poudre groſſiere & le ſublimer
dans des matras ; on retire le mercure du
cinabre en le diſtillant avec des intermedes
convenables ; le fer eſt celui qui réuſſit le

mieux ; dans le commencement de la diftillation il fe dégage une odeur de foie de
foufre, il s'attache aux parois du récipient
une matiere oleagineufe ; le cinabre contient les fept huitiémes de mercure, on fait
du cinabre en fublimant enfemble du mercure & du foufre ; le degré de chaleur néceffaire pour cette fublimation eft beaucoup plus confidérable que celui qu'il faudroit pour diftiller le mercure, ou pour
fublimer le foufre. Ce cinabre artificiel eft
ftrié & opaque, d'un rouge obfcur ; lorfqu'on le réduit en poudre fine, il prend une
belle couleur rouge, on le nomme ver-
millon.

On peut aifément reconnoître fi une mine
contient du mercure, en la réduifant en
poudre, & en la mêlant avec deux parties
de limaille de fer ; on met enfuite ce mélange fur une brique rougie, & on le couvre avec un verre ; le mercure s'attache à
fes parois & les obfcurcit.

Si le mercure eft mêlé avec quelques
fubftances qui alterent fa pureté, il faut le
diftiller dans une cornue, au fourneau du
réverbere.

ARSENIC.

Ce demi-métal eft blanc, brillant comme l'argent, il noircit à l'air; expofé au
feu il répand une fumée blanche, qui a
l'odeur d'ail; à un feu violent le régule
d'arfenic s'enflamme, cette flamme paroît
bleue; la fumée qui fe dégage de l'arfenic,
condenfée, produit une chaux blanche,
très-pefante, nommée arfenic; cette chaux
fondue fe change en un verre jaunâtre
tranfparent, qui effleurit, devient blanc &
opaque à l'air; ce verre eft encore nommé
dans le commerce arfenic; fi on l'expofe au
feu, il brûle, fe fublime & répand une
odeur d'ail; ce demi-métal me paroît inal-
térable au feu; lorfque l'arfenic fert à minéralifer les fubftances métalliques, il eft fous
forme de régule.

Le régule d'arfenic ne fe trouve jamais
pur, il eft toujours mêlé avec le fer & le
cobalt.

Le régule d'arfenic n'eft point foluble
dans l'eau, il eft beaucoup moins dangereux
que fa chaux, ou fon verre; j'ai fait prendre une demi-once de régule d'arfenic à

un chat, il n'en fut point empoifonné, il maigrit pendant quelqne temps, & reprit après fon embonpoint.

La chaux d'arfenic qu'on retire du cobalt par la fublimation , enleve toujours une portion de cobalt ; les expériences fuivantes le font aifément reconnoître.

J'ai diftillé de la chaux d'arfenic avec trois parties d'huile de vitriol , il a paffé d'abord de l'acide fulphureux , enfuite de l'huile de vitriol ; il s'eft fublimé de l'arfenic blanc, le réfidu étoit bleu & tranfparent ; l'ayant caffé j'ai vû que plufieurs de fes fragmens repréfentoient des pyramides à fix pans"; ce réfidu expofé au feu n'a point répandu d'odeur d'ail ; je l'ai tenu en fufion pendant une demi-heure , il ne m'a point paru qu'il s'en fût diffipé ; il reftoit au fond du creufet une maffe vitreufe , verdâtre & cellulaire.

J'ai fublimé enfemble parties égales de chaux d'arfenic & de fel ammoniac , il a paffé quelques gouttes d'alkali volatil & un peu de beurre d'arfenic , enfuite le fel ammoniac & l'arfenic fe font fublimés ; le réfidu étoit verdâtre ; expofé à l'air il eft

devenu brun ; fondu avec du borax , il lui
a donné une belle couleur bleue.

La chaux d'arfenic n'a point de goût ;
eft foluble dans l'eau & dans les matieres
graffes ; c'eft un poifon lent & terrible ; il
produit un effet efcarotique , lorfqu'on l'applique fur les plaies , & lorfqu'il eft réforbé
par intuffufception , il eft capable d'occa-
fionner le défordre le plus cruel , & la mort
même.

Les acides peuvent être regardés comme
l'antidote de ce poifon , fur-tout le vinaigre ; les huiles , les émulfions ne font point
propres à calmer font effet , comme les acides ; j'en ai fait les expériences fur des
animaux.

PREMIERE ESPECE.

Mines d'Arfenic noirâtre feuilletée,
Arfenic natif.

Cette mine eft noirâtre & feuilletée ,
d'une couleur grife , brillante dans fa fracture comme la galene ; elle noircit à l'air,
elle fait feu avec le briquet & répand une
odeur d'ail ; l'acide marin & l'eau régale en
diffolvent une partie.

Cette r ine réduite en poudre & expofée au feu dans un teft , fe diffipe pour la plus grande partie , & laiffe par quintal , après avoir été torréfiée , huit livres d'une poudre rougeâtre , en partie attirable par l'aimant; elle contient un tie.s de fon poids de cobalt. Il y a une r ir e d'arfenic de cette efpece, connue fous le nom de cobalt teftacé.

DEUXIEME ESPECE.

Mine d'arfenic cubique , Mifpikkel , Mondic , Pyrite arféni cale.

Cette mine a la couleur de l'étain , elle ne change point fenfiblement de couleur à l'air , elle criftallife cn cubes ou en paral-lélipipe des , fouvent elle fe trouve en maffes irrégulieres ; elle contient moins d'arfenic, mais plus de cobalt & de fer que la précé-dente , elle fe d ffout en partie avec effervef-cence dans l'eau régale.

TROISIEME ESPECE.

Chaux d'arfenic.

L'arfenic fe trouve quelquefois fous for-me de chaux blanche à la furface des mi-nes; il y a en Hongrie une mine d'or arfenicale, où ce demi-métal fe rencontre fous forme de chaux, & fous celle de régule brillant; dans cette mine, l'or eſt mineralifé par l'arfenic, par l'intermede du fer.

La chaux d'arfenic fublimée produit des criſtaux triangulaires.

Verre d'arfenic.

Il eſt jaunâtre & tranſparent, on en trouve dans les mines de cobalt de la vallée de Giſton.

QUATRIEME ESPECE.

Arfenic minéraliſé par le foufre ; Crpin, Orfiment.

Cette mine d'arfenic eſt jaune & brillante, elle criſtallife en lames ou feuillets quarrés poſés les uns fur les autres, quelquefois elle eſt demi - tranſparente ; il y a de l'orpiment verdâtre.

CINQUIEME ESPECE.

Arſenic minéraliſé par le foufre, Réalgar.

Le réalgar eſt rouge, il contient une plus grande quantité de foufre que l'orpiment ;

on en trouve de tranſparent & d'opaque ; j'ai trouvé des criſtaux de réalgar tranſ- parent dans une éruption de la Solfatare, qui contenoit du ſel ammoniac vitriolique, du ſel ammoniac ſulphureux & du vitriol martial.

SIXIEME ESPECE.

Réalgar opaque.

Les Chinois font des vaſes & des pago- des avec cette eſpece de mine d'arſenic.

L'orpin & le réalgar ſont employés en peinture ; quoique moins dangereux que l'arſenic, ils ne ſont pas moins à craindre.

L'arſenic eſt de toutes les ſubſtances mé- talliques, la plus volatile, & celle qui ſe réduit le plus promptement en chaux ; c'eſt auſſi la ſeule qui répand une odeur déſa- gréable, lorſqu'elle eſt pénétrée par le feu: quoique les vapeurs arſénicales ſoient très- dangereuſes, les Fondeurs craignent beau- coup plus celles du plomb.

Pour retirer le régule d'arſenic, il faut faire une pâte avec de la chaux d'arſenic & de l'huile, la mettre ſublimer dans un matras qu'on aura mis dans un creuſet, où il fera entouré de fable jufqu'au col , on continue le feu jufqu'à ce que le fond du matras ait rougi ; le matras réfroidi , on trouve à fes parois fupérieures l'arfenic fublimé & réduit.

La chaux d'arfenic eft quelquefois employée pour purifier le verre ; il y a des pays où l'on a foin d'en mêler avec les grains qu'on doit femer , afin de les défendre des infectes. Les Teinturiers font entrer de la chaux d'arfenic dans leur Brevet , pour la teinture en noir.

L'arfenic fondu avec le cuivre rouge lui donne une couleur blanche ; ce mélange métallique fe rouille bien plus aîfément que le cuivre.

L'arfenic diffous par le foie de foufre terreux , eft employé pour effayer les vins litargirés ; on fe fert de cette diffolution , pour l'encre de fimpathie , avec le vinaigre de faturne , elle le décompofe & fait prendre au plomb qu'il contient une couleur noire.

COBALT ou COBOLT.

Le cobalt eft un demi - métal d'un gris cendré , il noircit à fa furface lorfqu'il eft exposé à l'air ; il est fragile & compacte ; il se fond difficilement & ne s'altere point au feu, il résiste à la coupelle ; il y prend une couleur noire, il ne s'amalgame point avec le mercure.

Les mines de cobalt varient par leur couleur, suivant la nature de leur minéralisateur ; on trouve ce demi-métal minéralisé par l'arsenic, le soufre, l'acide marin & quelquefois uni avec l'acide vitriolique ; lorsqu'il est minéralisé par l'arsenic, il a une couleur grise & brillante ; on y trouve souvent du bismuth & quelquefois du fer & du cuivre ; il y a de ces mines à la surface desquelles on voit une efflorescence lilas, & quelquefois violette, elles sont moins brillantes dans leurs fractures que les précédentes.

L'efflorescence lilas est due à l'acide vitriolique, ou à l'acide marin ; celle qui est produite par l'acide vitriolique, combiné avec le cobalt, ne change point de couleur lorsqu'on l'expose au feu ; celle qui est due à l'acide marin, y devient verte ; ce même acide, uni au cobalt, lui donne différentes couleurs, rouges, violettes, noires, grises, chatoyantes & vertes.

La

La chaux de cobalt eſt rougeâtre ; mêlée avec du ſable , on la nomme ſaffre ; ſi l'on fond ce mélange avec de l'alkali fixe , on forme un émail bleu , dont la couleur ne s'altere point au feu. Toutes les mines de cobalt ne ſont point propres à produire un beau ſmalth , parce qu'elles contiennent ſouvent du fer , du biſmuth , ou du cuivre ; celles qui n'en contiennent point ſont les plus recherchées ; telle eſt celle de la vallée de Giſton ; réduite en ſaffre elle rapporte quinze cens pour cent ; le quintal de mine ſe vend quarante-cinq livres ; après avoir été calciné il produit moitié de chaux , laquelle mêlée avec trois fois ſon poids de ſable , eſt vendue dans le commerce , ſous le nom de ſaffre , quatre francs la livre. Deux quintaux de mine ſervent à faire quatre quintaux de ſaffre, & produiſent ſeize cens francs.

Le régule de cobalt eſt ſoluble dans tous les acides , ſa diſſolution eſt d'un rouge plus ou moins foncé ; l'encre de ſimpathie de M. Hellot eſt une diſſolution de cobalt dans l'eau régale ; les traits qu'on a deſſinés ſur un papier avec cette diſſolution étendue d'eau , ſont inviſibles ; mais ſi-tôt qu'on les échauffe, ils paroiſſent d'un verd céladon.

L

Pour avoir le régule de cobalt pur , il faut fublimer plufieurs fois du fel ammoniac avec ce demi-métal ; le fer & le bifmuth qu'il contient fe fubliment ; le cobalt refte au fond de la cornue & prend différentes couleurs ; j'ai fublimé trente onces de fel ammoniac en trente fois , avec un once de régule de cobalt ; les fublimations & les réfidus m'ont toujours offert des produits nouveaux & intéreffans.

Le cobalt peut s'unir par la fufion avec la plûpart des fubftances métalliques , excepté le bifmuth ; ce dernier comme plus pefant fe précipite , mais le cobalt en retient toujours une partie , comme le prouvent les fublimations avec le fel ammoniac qui produifent du beurre de bifmuth. Une partie de fer fondue avec fept parties de cobalt forme un mélange métallique , attirable par l'aimant.

J'ai fait prendre à des animaux du régule de cobalt en poudre, ils n'en ont point été incommodés.

PREMIERE ESPECE.

Mine de cobalt criſtalliſée.

Ces criſtaux ont dix-huit facettes , & re-préſentent un priſme à huit pans terminé par deux pyramides à quatre pans tron-qués ; des huit pans du priſme il y en a quatre hexagones & quatre quarrés , les pyramides ſont compoſées de quatre plans hexagones & d'un quarré ; cette mine eſt d'un gris blanc & brillant comme l'argent , elle n'effleurit point à l'air ; elle contient de l'arſenic , du cobalt , du fer & du biſmuth ; l'arſenic s'y trouve quelquefois dans la pro-portion de moitié , le fer & le biſmuth y ſont en très-petite quantité.

Les criſtaux de cette eſpece de mine ſont quelquefois dodécahedres , alors chaque plan eſt pentagone.

DEUXIEME ESPECE.

Mine de cobalt d'un gris cendré.

Dans ſa fracture elle reſſemble à de l'a-cier , elle ne tombe point en efflorefcence à l'air ; elle ne contient ni fer ni biſmuth.

La mine de cobalt de la vallée de Gif-
ton , limitrophe de la Bigorre , montagne
de S. Juan , en terre Efpagnole , eft de
cette efpece ; elle eft mêlée de verre d'arfenic jaunâtre & tranfparent. Le cobalt y eft
minéralife par l'arfenic.

TROISIEME ESPECE.

Mine de Cobalt d'un gris rougeâtre , Kupfernickel.

Elle eft fouvent recouverte d'une efflorefcence rougeâtre ou verdâtre ; l'intérieur
eft d'un gris rougeâtre & brillant , on y
trouve des veines grifes & d'autres jaunâtres ; ces dernieres font du verre d'arfenic.

Le Kupfernickel contient de l'arfenic ,
du cobalt , du cuivre & du fer ; par la
calcination il diminue de vingt-neuf livres
par quintal ; par la réduction j'ai obtenu
cinquante livres de régule par quintal , fa
couleur eft femblable à celle du cobalt ;
cette mine m'a fouvent donné des culots ,
dont la partie inférieure étoit compofée de
ftries entrelacées & comme nattées ; après
le laps de quelque temps , ils fe couvrent
d'une efflorefcence verte & cuivreufe.

Si l'on verse de l'eau régale sur du kupfernickel en poudre, il ne se fait point
d'effervescence ; mais vingt-quatre heures
après on la trouve colorée du plus beau
verd ; si l'on verse dans cette dissolution de
l'alkali volatil, il se fait un précipité bleu ;
si l'on en met davantage, le précipité se
dissout, & prend une belle couleur d'un
bleu céleste.

J'ai distillé du kupfernickel calciné avec
du sel ammoniac, & j'ai reconnu par les
produits, qu'il contient du cuivre & du
fer, mais que la plus grande partie est du
cobalt.

QUATRIEME ESPECE.

Mine de Cobalt rouge transparente & cristallisée.

Ces cristaux sont transparens, d'une belle
couleur rouge semblable à celle du rubis ;
ils représentent des prismes à quatre pans
striés, terminés par deux pyramides dihe-
dres, dont les plans sont des trapezes. On
trouve quelquefois ces cristaux en forme
d'étoiles, ils paroissent opaques lorsqu'ils

ſont minces & appliqués à la ſurface des ſubſtances opaques.

Ces criſtaux ſont compoſés d'acide ma-ſin & de cobalt.

On en trouve qui repréſentent des priſ-mes hexagones comprimés , ayant deux plans plus larges que les autres , terminés par une pyramide dihedre , dont les plans ſont pentagones.

CINQUIEME ESPECE.

Mine de Cobalt en efflorescence.

La couleur des effloreſcences de cobalt eſt d'un rouge pâle , dont les nuances va-rient beaucoup ; il y en a qui ſont preſque blanches, expoſées au feu elles y devien-nent vertes ; ces effloreſcences ſont des ſels formés par l'acide marin & le cobalt.

SIXIEME ESPECE.

Mine de Cobalt violette.

Dans cette mine le cobalt eſt uni à l'acide marin ; le ſpath fuſible violet & l'améthiſte doivent leurs couleurs à ce demi-métal.

SEPTIEME ESPECE.

Mine de Cobalt noire.

Elle reffemble à de la fuie, elle eft noire, poreufe & fragile ; elle doit fa couleur à de l'acide marin ; elle fe couvre quelquefois d'une efflorefcence lilas.

HUITIEME ESPECE.

Mine de Cobalt d'un gris chatoyant.

J'ai trouvé de cette mine dans du fer fpathique blanc, elle doit fa couleur à de l'acide marin ; on peut retirer cet acide de toutes ces efpeces de mines, en les diftillant dans une cornue, & en y adaptant un récipient enduit d'huile de tartre par défaillance. J'ai fait artificiellement toutes ces mines, en diftillant plufieurs fois du cobalt avec du fel ammoniac ; je fuis auffi parvenu à donner à ce demi-métal une couleur verte qui ne s'altere point à l'air.

NEUVIEME ESPECE.

Mine de Cobalt verte.

Cette mine eft très-dure, & fait feu avec le briquet, elle eft fufceptible du poli ; c'eft une efpece de jafpe, la couleur eft due à du cobalt uni à de l'acide marin ; en fondant de ce jafpe avec du borax, on obtient un beau verre bleu.

La plûpart des jafpes verds doivent leurs couleurs à du cobalt uni à de l'acide marin, elle fe diffipe à un feu violent. L'émeraude m'a auffi paru colorée par ce demi-métal.

VITRIOL DE COBALT.

Ce fel eft prefque infoluble, il varie par fa couleur ; il y en a d'un rouge pâle, de verdâtre & de brun ; ce fel eft moins compacte que les précédens ; il l'eft cependant plus que celui qui eft couleur de fuie ; le vitriol de cobalt rougeâtre ne perd point fa couleur au feu, celui qui eft verdâtre y devient rouge. J'ai fait du vitriol femblable en diftillant de l'acide vitriolique avec du régule de cobalt ; ce fel expofé à l'air y devient cellulaire & verdâtre ; expofé au feu il y reprend fa couleur rouge.

Le cobalt minéralifé par l'acide marin, ou fous forme de vitriol, n'a pas befoin de torréfaction pour être employé à colorer le verre en bleu ; il ne peut fe charger que d'une certaine quantité de chaux de cobalt ; celle qui eft furabondante fe précipite au fond de l'émail, fous forme de régule ; on le nomme fpeis.

La blende, la manganaife & le bafalte contiennent du cobalt.

Z I N C.

Le zinc eft un demi-métal blanc, bleuâtre, brillant ; il n'eft point fragile comme les autres demi-métaux ; expofé au feu il fe fond, rougit & brûle en produifant une flamme bleue & verte, fans odeur, d'où fortent des flocons blancs, connus fous les noms de pompholix, de *lana philofophica*; c'eft une chaux de zinc.

Le zinc eft après le fer la fubftance métallique la plus commune ; la plûpart des mines de fer en contiennent. M. Grignon a démontré que la cadmie des fourneaux, où l'on traite les mines de fer, contenoit une grande quantité de zinc ; j'ai prouvé dans un Mémoire que j'ai lû à l'Academie, que la manganaife étoit une mine de zinc.

Parmi les fubftances métalliques, il n'y a que l'arfenic & le zinc qui s'enflamment lorfqu'ils font expofés à un grand feu ; le zinc y perd prefque tout fon phlogiftique ; fa chaux eft difficile à reduire à caufe de la facilité avec laquelle il fe fublime, lorf-qu'il eft fous forme métallique ; pour y parvenir, il faut la diftiller avec de la pou-dre de charbon, dans des vaiffeaux fermés; la chaux de zinc ne fe vitrifie que lorfqu'elle eft mêlée avec des fubftances propres à faire du verre ; elle lui donne différentes cou-leurs ; fuivant la quantité de chaux qu'on y a introduite, le verre eft, ou jaunâtre, ou d'un verd clair.

Le zinc eft diffoluble dans tous les acides; l'acide vitriolique étendu d'eau, & l'acide marin, en dégagent des vapeurs inflamma-bles, femblables à celles qui fe dégagent de la limaille de fer ; par le moyen de ces mêmes acides, l'odeur de ces vapeurs & l'odeur qu'elles produifent après avoir été enflammées, mérite d'être examinée par le rapport qu'elles ont avec le fluide électrique ; c'est à l'émanation de vapeurs semblables que font dues les moufettes.

De l'union des acides avec le zinc résultent des sels neutres différens par leurs propriétés.

L'acide vitriolique uni avec le zinc forme le vitriol blanc, les cristaux de ce sel représentent des prismes à quatre pans applatis, terminés par une pyramide hexahedre tronquée.

L'acide marin combiné avec le zinc forme un sel neutre déliquescent ; j'ai distillé une partie de chaux de zinc avec deux de sel ammoniac, & j'ai obtenu un beurre de zinc gris, demi-transparent, déliquescent & caustique.

Le vinaigre dissout aussi le zinc, & produit un sel neutre blanc, transparent & stiptique.

Zinc minéralisé par le soufre, BLENDE.

Le mot blende indique, dans le langage des Mineurs, une substance qui aveugle, ou qui trompe ; j'ai reconnu que la blende étoit composée de zinc, de cobalt, de soufre, de fer & de terre abforbante ; cette fubftance eft très-commune ; on en trouve dans prefque toutes les mines de plomb, elle y eft eftimée de bon augure par les Mineurs ; on en rencontre une grande quantité dans les mines d'or & d'argent de Cremnitz & de Schemnitz.

Le foufre dans la blende eft uni au zinc par le moyen de la terre abforbante ; il y eft fous forme de foie de foufre.

La couleur, la tranfparence & la figure des blendes varient beaucoup ; il y en a de brunes, de jaunes, de rougeâtres, de grifes & de noires, de demi-tranfparentes & d'opaques. La couleur des blendes dépend de la quantité de fer qu'elles contiennent ; celle du foufre & du zinc m'a paru être toujours à peu près égale, de même que celle du cobalt.

Les criftaux de blende font cubiques, quelquefois octahedres, ou octahedres tronqués.

La plûpart des blendes jaunes font phofphoriques ; en les frottant légérement avec du fer, elles donnent des étincelles ; celles qui ne font point phofphoriques par le frottement donnent des étincelles lorfqu'on les frappe avec le briquet.

Lorſqu'on réduit en poudre de la blende dans un mortier de fer, il s'en dégage une odeur de foie de ſoufre décompoſé, le lapis produit le même effet. La blende réduite en poudre eſt en partie attirable par l'aimant; les acides en dégagent une odeur de foie de ſoufre décompoſé. L'eau régale m'a paru être le diſſolvant du zinc contenu dans la blende; lorſqu'on en verſe deſſus, il ſe fait une forte efferveſcence, accompagnée d'une chaleur conſidérable; il s'éleve du fond du verre une matiere ſpongieuſe, molle & jaunâtre, elle reſte à la ſurface de la diſſolution; ſi on la met dans de l'eau diſtillée, elle ſe précipite au fond; cette matiere deſſechée devient fragile, elle contient du ſoufre & un peu de zinc.

Si l'on diſtille une partie de blende avec deux de ſel ammoniac, il ſe dégage d'abord une odeur fétide d'œufs couvis & quelques gouttes d'alkali volatil, qui ne fait point efferveſcence avec les acides; enſuite il ſe ſublime dans le col de la cornue du ſel ammoniac jaunâtre & déliqueſcent; le réſidu eſt noir; il ne differe de la manganaiſe que par une petite quantité de ſoufre qu'il contient; ſi on le fond avec des matieres propres à former du verre, il iui donne une belle couleur violette ; c'eſt une des pro- priétés de la manganaiſe.

Toutes les eſpeces de blendes décompo- ſées par l'intermede du ſel ammoniac m'ont fourni un réſidu noir dont les propriétés ſont ſemblables à celles de la manganaiſe. La manganaiſe feroit-elle une blende dé- compoſée ? Je le ſoupçonne. Cette matiere ſinguliere ſe trouve ſouvent dans les mines de pierre calaminaire.

J'ai reconnu, par les expériences que j'ai faites ſur les blendes, qu'elles contiennent par quintal,

Zinc.	40 livres.
Soufre.	24
Cobalt	20
Fer.	6
Terre abſorbante. . .	10
	100

Les blendes brunes m'ont paru contenir plus de fer que les jaunes.

Zinc minéralisé par l'acide marin, MANGANAISE.

Il est difficile de caractériser la manganaise, elle varie par la couleur & la dureté, suivant le pays d'où on la retire ; il y en a qui perd son brillant & sa solidité, après avoir été exposée à l'air quelque temps, & dont la superficie se couvre d'une efflorescence noire ; j'ai reconnu que les différentes especes de manganaises contiennent du zinc, du cobalt, du plomb & de l'acide marin ; quelquefois, mais rarement, du fer, & du cuivre. Il y a des especes de manganaise qui contiennent seize livres d'acide marin par quintal ; pour le retirer il suffit de la distiller au fourneau de reverbere dans une cornue, & y adapter un récipient enduit d'huile de tartre par défaillance, il s'obscurcit & l'intérieur se recouvre de cristaux de sel fébrifuge ; pendant cette distillation la manganaise perd de son poids & conserve sa couleur noire, elle est due à du cobalt uni à de l'acide marin ; si l'on distille de l'acide vitriolique avec de la manganaise, il se dégage de l'acide marin & de l'acide fulfureux volatil : le réfidu eft blanc ; par la leffive , il produit du vitriol de zinc , mêlé d'un peu de cobalt.

L'acide vitriolique étendu d'eau, mis en digeftion fur de la manganaife réduite en poudre , prend une couleur violette.

PREMIERE ESPECE.

Manganaife criftallifée.

Elle eft grife & brillante comme l'acier, fes criftaux font des prifmes ftriés , elle n'eft point compacte, elle eft pefante & fragile ; il y en a dont les criftaux font quarrés & feuilletés.

La criftallifation réguliere de la manganaife repréfente un prifme rhomboïdal à quatre pans comprimés, ftriés & tronqués.

La manganaife criftallifée contient par quintal ,

Acide marin. . . .	7 livres.
Zinc.	80
Cobalt.	13
	100

DEUXIEME

DEUXIEME ESPECE.

Manganaise de Piémont.

Elle differe de la précédente par la couleur & la dureté ; elle est d'un gris d'ardoise & composée de petits feuillets irréguliers, elle fait feu avec le briquet ; réduite en poudre, elle est en partie attirable par l'aimant ; on trouve dans la fracture de quelques morceaux des veines de quartz blanc, & une espece de manganaise feuilletée & rougeâtre ; il y en a d'autres où l'on ne remarque point de cristallisation , elle est compacte & d'un gris foncé; on trouve dans l'intérieur des points gris & brillans & sur leurs surfaces de l'ochre jaune ; il y a des manganaises de Piémont recouvertes de pyrites cuivreuses.

Cette espece de manganaise contient par quintal ,

Acide marin. . . .	10 livres.
Zinc.	70
Fer.	10
Cobalt.	10
	100

M

TROISIEME ESPECE.

Manganaife du Comté de Sommerfet.

Elle eft noire & fragile, cellulaire, & compofée de mammelons, où l'on remarque différentes couches ; elle eft quelquefois entremêlée d'une terre calcaire blanche, ou d'un rouge pâle, & parfemée de petits crif-taux de plomb blanc, tranfparens, & re-couverts de malachite. Cette manganaife contient beaucoup plus d'acide marin que la précédente ; à un feu violent elle fe fond & produit un verre opaque & noirâtre.

Cette manganaife contient par quintal,

Acide marin. . .   16 livres.
Zinc.   63
Plomb.   12
Cobalt.   9
                ———
               100

Le plomb qu'elle contient eft fous for-me de chaux, puifqu'il eft foluble dans le vinaigre.

La plûpart des manganaifes noirciffent les mains.

Connoiffant la nature de la manganaife ;

on peut aifément expliquer comment fe produit la dépuration du verre ; la chaux de
zinc , que la manganaife contient , s'empare
du phlogiftique qui donnoit au verre une
couleur noire , ou verdâtre ; le zinc réduit
fe diffipe dans l'atmofphere ; la petite quantité de cobalt contenue daus la manganaife
donne au verre une nuance bleue , qui fert
à le faire paroître beaucoup plus blanc ;
lorfque la manganaife contient du plomb ,
telle que celle de Sommerfet, elle donne
plus de liaifon au verre & le rend plus pefant. Lors donc qu'on voudra faire un verre
femblable à celui d'Angleterre , il faudra
prendre une manganaife qui ne contiendra
point de fer , & ajouter de la chaux de
plomb dans la proportion de treize livres fur
quatre-vingt-fept livres de manganaife.

Zinc minéralifé par l'acide marin , PIERRE CALAMINAIRE.

On trouve de la pierre calaminaire , blanche , verte , rouge, & jaunâtre ; il y en a
de criftallifée , elle contient trente-quatre
livres d'acide marin par quintal ; elle contient prefque toujours du fer.

M ij

PREMIERE ESPECE.

Pierre calaminaire blanche , criftallifée en prifmes à fix pans , terminés par des pyramides hexagones tronquées.

Ces criftaux font tranfparens , & fe trouvent dans le Comté de Nottingham ; on y trouve auffi une pierre calaminaire blanche & opaque , qui paroît fillonnée , comme un bois vermoulu , dont les fillons font remplis d'une terre martiale brunâtre.

DEUXIEME ESPECE.

Pierre calaminaire verte , criftallifée en pyramides.

Le nombre des pans de la pyramide varie beaucoup ; il y en a qui ont trois, quatre, cinq & fix pans ; ces criftaux font fouvent creux dans leur intérieur, & doivent leur forme à du fpath calcaire décompofé ; on trouve quelquefois de ces criftaux qui ne font pas détruits dans de la pierre calaminaire brunâtre à fa furface ; cette couleur eft due à du fer fpathique décompofé.

Cette pierre calaminaire fe trouve dans le Comté de Sommerfet, elle produit des étincelles lorfqu'on la frappe avec le briquet, elle eft foluble dans les acides avec lefquels elle fait effervefcence, quoiqu'elle foit minéralifée par l'acide marin.

La grandeur des criftaux de la pierre calaminaire varie, il y en a qui n'ont pas plus de deux lignes de diametre vers leur bafe fur une ligne & demie de hauteur; on en trouve d'autres dont le diametre de leurs bafes a deux pouces, fur trois de haut; ces grands criftaux font creux dans l'intérieur qui eft cellulaire, l'extérieur paroît poreux & compofé de petits mammelons. J'ai de ces criftaux qui repréfentent deux pyramides à fix pans unies par leurs bafes, leur intérieur eft creux & cellulaire.

La pierre calaminaire du Comté de Sommerfet fe trouve ordinairement en maffes irrégulieres & formées de couches pofées les unes fur les autres. Ces différentes efpeces de pierres calaminaires font folubles dans le acides, celles du Comté de Nottingham ne le font pas.

TROISIEME ESPECE.

Pierre calaminaire rouge.

Elle eſt compacte, fait feu avec le briquet & a la couleur du crayon rouge ; on
la trouve dans le Comté de Sommerſet.

Outre l'acide marin, la pierre calaminaire contient une matiere graſſe, ſemblable
à celle qui eſt contenue dans toutes les ſubſtances métalliques, minéraliſées par l'acide
marin, ce qui rend ces ſels inſolubles dans
l'eau ; le fer ſpathique fait connoître la pré-
ſence de cette matiere graſſe, puiſqu'il ſe
réduit ſans addition dans les vaiſſeaux fermés.

VITRIOL DE ZINC.

Ce ſel ſe trouve ſous forme de ſtalactites
attachées aux parois des galleries des mines, elles ſont tranſparentes & opaques ;
quelquefois elles contiennent du cuivre,
du plomb & du fer ; le vitriol blanc du
commerce, contient du zinc, du fer & du
plomb.

TUTHIE.

Le zinc réduit en fleurs, s'attache aux

parois des fourneaux des Fondeurs ; à l'aide des cendres & d'un feu violent, elles forment un enduit folide à demi vitrifié, il eſt gris & poreux ; on le nomme cadmie des fourneaux, ou tuthie.

Le zinc ou ſes mines fondues en différentes proportions avec du cuivre, forme un mélange métallique jaune, nommé ſimilor, tombac, ou métal du Prince Robert.

BISMUTH.

Ce demi-métal eſt d'un blanc jaunâtre, quelquefois chatoyant dans ſa fraĉture ; il paroît compoſé de feuillets ou de lames poſées les unes ſur les autres ; il eſt fragile, & ſe réduit aiſément en poudre.

Le biſmuth ſe trouve dans la terre minéraliſé par le ſoufre ou par l'arſenic ; dans ces deux eſpeces de mines, il y a toujours une partie de biſmuth ſous forme métallique, il ſe décele d'une maniere fiuguliere ; lorſqu'on échauffe promptement un morceau de ces mines, en le mettant dans un creuſet rougi, on entend un bruit ſemblable à celui que produit la friture ; en même temps ſans qu'il ſe dégage aucune

odeur, le bifmuth fort du morceau de mine par gouttes ; fi l'on remet le creufet au
feu, le foufre ou l'arfenic qui fervent à minéralifer le bifmuth fe dégagent ; pendant
ce temps le bifmuth eft lui-même changé
en chaux & fe vitrifie.

Le bifmuth expofé au feu, fe fond ; fa
furface fe couvre d'une chaux grife ; à l'aide
d'un feu plus violent, il bout, la chaux qui
fe forme fe vitrifie, le verre eft rejetté vers
les bords du creufet ; pendant ce temps il fe
dégage une fumée jaune, fans odeur & affez
abondante ; fi l'on a fondu dans une coupelle du bifmuth, on s'apperçoit mieux de
ce que j'avance ; fi l'on continue le feu affez
long-temps pour réduire en verre la quantité de bifmuth qu'on y a mis, il eft abforbé
par la coupelle qui prend une couleur jaune
femblable à celle où l'on a paffé du plomb
pur ; cette couleur jaune eft occafionnée
par la terre abforbante ; la chaux de bifmuth
fondue dans un creufet produit un verre
rougeâtre & tranfparent ; ce verre eft beaucoup moins pefant que le bifmuth fous forme métallique, puifque fi la quantité de
bifmuth qu'on a employée ne s'eft point entiérement vitrifiée, on trouve au milieu du

verre, au fond du creufet, du régule de bifmuth.

Le bifmuth eft foluble dans tous les acides; l'acide vitriolique uni avec ce demi-métal forme un fel neutre, prefque infoluble, connu fous le nom de vitriol de bifmuth.

L'acide nitreux diffout très-aifément le bifmuth; les criftaux de ce fel font blancs & tranfparens, ils répréfentent des prifmes à quatre pans, terminés par deux pyramides triangulaires applaties; deux des plans font des trapezes, le troifiéme un rhombe; ce prifme eft un peu déprimé, il a deux pans larges & deux étroits. Ce fel fe décompofe à l'air; fi l'on étend d'eau fa diffolution, elle fe décompofe, le bifmuth fe précipite fous la forme d'une poudre blanche.

Si l'on diftille deux parties de fel ammoniac avec une de chaux de bifmuth, on obtient un beurre blanc, feuilleté, tranfparent, déliquefcent & à peu près femblable pour le goût au fel de faturne.

Les foies de foufre noirciffent les diffolutions de bifmuth, comme celles de plomb; cet effet fe produit par une double décompofition, l'acide s'unit à la bafe alkaline,

& le foufre fe combine avec la terre métallique.

PREMIERE ESPECE.

Bifmuth vierge.

Ce demi-métal fe trouve fous forme métallique, dans la plûpart de fes mines; pour
le faire paroître il fuffit de chauffer le morceau de mine, dans le n.ême temps on entend un petit bruit approchant de celui du
fel marin qui décrépite, & prefque auffi-tôt
le morceau fe couvre de globules métalliques blanches & brillantes; le morceau réfroidi, les globules prennent une couleur
grisâtre.

DEUXIEME ESPECE.

Bifmuth minéralifé par le foufre.

Cette mine differe par fes couleurs; il y
en a qui eft grife & ftriée comme l'antimoine, d'autres d'un gris rougeâtre & chatoyant; dans ces mines il y a une partie de
bifmuth minéralifé, l'autre eft fous forme
métallique; lorfqu'on les expofe au feu le
bifmuth vierge fe fépare, enfuite le foufre

fe brûle ; les mines de bifmuth fulfurées contiennent beaucoup moins de cobalt que celles qui font arfenicales : la couleur de ces deux efpeces de mines eft fouvent la même , & il faut avoir recours à l'effai pour la décrire.

TROISIEME ESPECE.

Bifmuth minéralifé par l'arfenic.

Il varie beaucoup par la couleur, il y en a qui eft blanc comme de l'argent , & qui a pour gangue du jafpe rouge ; cette mine y eft diftribuée de maniere qu'elle repréfente fouvent des dendrites.

On trouve des mines de bifmuth, difpo-fées par lames ou feuillets , & qui chatoyent en verd & en rouge ; ces mines paroiffent grifes & brillantes dans leurs fractures.

On trouve du bifmuth dans la plûpart des mines de cobalt arfenicales , celles qui font minéralifées par l'acide marin ou l'aci-de vitriolique n'en contiennent point.

Le bifmuth peut fervir à coupeller les métaux , de même que le plomb ; pendant cette opération il fe diffipe un quart du

bifmuth qu'on a employé, le refte eft abforbé par la coupelle.

ANTIMOINE.

Ce demi-métal eft blanc & brillant à peu
près comme l'argent ; il eft fragile & paroît
dans fa fracture compofé de feuillets irréguliers, dont la grandeur varie fuivant
l'efpace de temps que le régule a été à fe
réfroidir ; on trouve quelquefois à fa furface
une étoile.

Par la calcination le régule d'antimoine
fe réduit en une chaux grife qui fe vitrifie
au feu & produit un verre rougeâtre, tranfparent & fonore ; ce verre tenu en fufion
fe diffipe entiérement fous la forme d'une
fumée blanche inodore ; cette chaux volatile eft connue fous le nom de fleur ou
neige d'antimoine ; le régule tenu en fufion
fe diffipe de même, mais beaucoup plus
promptement.

Pour retirer le régule de la mine d'antimoine, on peut employer les fubftances
métalliques qui ont plus de rapport avec le
foufre, que l'antimoine ; mais le régule
qu'on obtient, retient toujours une partie

de la fubftance métallique qu'on a employée pour le féparer du foufre ; c'eft par le moyen du flux noir qu'on obtient le régule le plus pur.

Le régule d'antimoine eft foluble dans prefque tous les acides, mais l'eau régale paroît être fon diffolvant ; c'eft même le moyen qu'on peut employer pour déterminer la quantité de foufre que la mine d'antimoine contient, le foufre fe précipite au fond de la diffolution ; cette expérience indique encore que dans la mine d'antimoine, ce demi-métal y eft fous forme de régule.

L'acide vitriolique n'a point d'action fur l'antimoine, à moins qu'il n'ait été diffous dans l'eau régale ; l'acide nitreux verfé fur ce demi-métal, réduit en poudre, ne fait point effervefcence & en réduit une partie en chaux.

L'acide marin concentré diftillé avec le régule d'antimoine le diffout & forme un fel volatil & déliquefcent, connu fous le nom de beurre d'antimoine.

Le tartre diffout le régule, la chaux & le verre d'antimoine ; le fel neutre qui en réfulte eft nommé émétique.

Le régule, la chaux, le foie & le verre
d'antimoine font de très-violents vomitifs ;
on ne peut appaiser leur effet que par le
moyen du vinaigre.

La chaux d'antimoine entiérement dé-
pouillée de phlogiftique eft blanche, on la
nomme antimoine diaphorétique.

PREMIERE ESPECE.

Antimoine natif.

Il reffemble par fa couleur au régule
qu'on retire de la mine d'antimoine par le
moyen du flux noir ; il eft blanc comme
l'argent, dans fa fracture il offre des facettes irréguliercs ; M. Swab eft le premier
qui ait parlé de l'antimoine natif, en 1748.
Il rapporte qu'il s'amalgame facilement avec
le mercure, propriété que n'a point le régule d'antimoine artificiel.

DEUXIEME ESPECE.

Mine d'antimoine criftallifée.

Elle eft grife, brillante & minéralifée par
le foufre ; fes criftaux font des prifmes ftriés
& tronqués, ils n'ont pas plus de quatre

lignes de long fur une demie-ligne de diametre , ils font ordinairement feparés ; il y
a de ces criftaux qui font recouverts d'une
efflorefcence jaune. J'ai vû des criftaux
d'antimoine compofés de prifmes hexagones , dont deux des plans font larges &
terminés par deux pyramides à quatre pans,
dont les plans font des trapezes.

TROISIEME ESPECE.

Mine d'antimoine ftriée.

Cette mine eft compofée de ftries ou filets
parallelles , affemblés confufément & fans
interftices ; ces ftries varient finguliérement
par leurs groffeurs.

QUATRIEME ESPECE.

Mine d'antimoine écailleufe.

Elle reffemble à la mine de plomb à petites facettes ; les parties dont elle eft formée , n'ont point de figure déterminée ;
lorfqu'on l'expofe au feu , elle fe fond fur
le champ.

CINQUIEME ESPECE.

Mine d'antimoine rouge ftriée.

Elle ne differe des précédentes que par la couleur, elle eft également minéralifée par le foufre ; dans le même grouppe de criftaux on en trouve dont la moitié eft rougeâtre & l'autre grife.

Le régule d'antimoine eft employé dans la compofition des caracteres d'imprimerie.

DES MÉTAUX.

Les métaux different des demi-métaux par leur ductilité, leur couleur & leur odeur ; il y en a qui fe volatilifent en partie par la fufion, d'autres criftallifent par le ré-froidiffement ; les métaux fe trouvent fou-vent mêlés les uns avec les autres & quel-quefois confondus avec les demi-métaux. On trouve du fer dans prefque toutes les mines ; ce métal fert d'intermede pour la minéralifation de l'or, par le foufre & l'ar-fenic.

FER.

F E R.

Ce métal eſt d'un gris brillant dans ſa fraĉture, il rougit aiſément au feu, il s'y fond très-difficilement & n'acquiert jamais la fluidité des autres métaux ; quand on le chauffe fortement il pétille & perd une portion de ſon phlogiſtique, ſa ſurface s'exfolie & prend une couleur rougeâtre.

Le fer eſt ſoluble dans tous les acides avec leſquels il forme des ſels neutres, différents par leurs couleurs, leur ſaveur & leur criſtalliſation.

Le fer eſt la plus commune des ſubſtances métalliques ; c'eſt la ſeule qu'on puiſſe prendre intérieurement ſans danger, on le rencontre dans les produĉtions des trois regnes, il ſert de baſe à la terre végétale ; il donne la couleur aux plantes, il ſe trouve dans les parties colorées des animaux.

Le fer a des propriétés différentes des autres métaux, par leſquelles on peut aiſément le diſtinguer ; lorſqu'il eſt ſous forme métallique, il eſt attirable par l'aimant ; expoſé à l'air dans la direĉtion du Nord au Sud, il reçoit les propriétés magnéti-

N

ques ; c'eſt le ſeul des métaux qui donne des étincelles , lorſqu'on le frappe.

La qualité du fer varie ſuivant la mine dont on l'a retiré, il eſt ſouvent compoſé de facettes aſſez larges ; celui qui paroît, dans ſa fracture , compoſé de petits grains, eſt préférable ; on peut changer la forme des parties dont le fer eſt compoſé , par le moyen de la cémentation ; alors on le nomme acier ; dans cette opération le fer eſt attaqué par l'acide marin qui ſe dégage du cément ; les mines de fer ſpathiques ſont nommées mines d'acier , parce qu'elles produiſent, par la fuſion , un fer préférable à celui des autres mines , & qui a le grain de l'acier. Si l'on examine la compoſition des céments, on reconnoîtra qu'ils contiennent toujours des matieres propres à produire de l'acide marin ; lorſque le cément eſt échauffé, l'acide marin très-concentré pénetre le fer & s'y unit , les molécules de ce métal perdent alors leur forme : par la violence du feu , l'acide marin eſt dégagé du fer ; les molécules de ce métal qui ont été très-diviſées par cet acide , reprennent du phlogiſtique des charbons : c'eſt par cette raiſon que l'acier paroît dans ſa fracture compoſé

de parties plus fines que le fer qu'on a employé.

Le fer & l'acier acquierent de la dureté
& augmentent de volume par la trempe. La
chaux de fer prend différentes couleurs ,
fuivant la maniere dont on l'a obtenue ; on la
nomme fafran de mars ou rouille ; il y en a de
jaune & de brune ; ces chaux calcinées deviennent rouges ; fi on les expofe à un feu de
réverbere , elles reprennent du phlogiftique , deviennent noires & attirables par
l'aimant.

La terre martiale unie avec l'acide phofphorique & une matiere graffe prend une
belle couleur bleue ; cette production de
l'art , nommée bleu de Pruffe , eft infoluble
dans les acides.

On peut aifément reconnoître les fubftances qui contiennent du fer par les expériences fuivantes.

Si le fer eft tenu en diffolution dans de
l'eau , il faut la rapprocher par l'évaporation , enfuite verfer dedans de la décoction
de noix de galle ; fur le champ elle prend
une belle couleur bleue , & il fe forme de
l'encre, s'il y a beaucoup de fer.

Pour déterminer fi une fubftance minérale contient du fer, il faut la diftiller avec huit parties de fel ammoniac ; ce fel fe fublime, enleve le fer & fe colore en jaune ; on peut enfuite féparer le fer du fel ammoniac, en le diffolvant dans de l'eau & en y verfant de l'alkali fixe.

Pour retirer le fer des mines on commence par les torréfier ; toutes les mines de fer, excepté celles qu'on nomme fpathiques & l'aimant, ont befoin de cette opération ; lorfqu'elles contiennent du foufre, la torréfaction le décompofe ; fi on n'y avoit point recours, le foie de foufre terreux qui réfulteroit de la caftine & du foufre pendant la fonte, réduiroit en fcories la plus grande partie du métal.

Les mines de fer terreufes ont auffi befoin d'être torréfiées, parce qu'elles contiennent ordinairement une grande quantité de zinc qui rend volatil, pendant la fonte, une partie du fer.

Lorfque la mine de fer a été torréfiée, on la mêle avec des fondans pour accélérer la fufion & la précipitation du métal ; c'eft ordinairement la terre calcaire qu'on employe, on la nomme caftine, elle fe mêle par la fufion avec l'alkali des charbons &

une portion de fer avec lefquels elle forme un verre coloré , qu'on nomme lettier Le fer de la premiere fonte , qu'on nomme gueufe , retient ordinairement une quantité affez confidérable de lettier & de zinc , on les fépare par l'affinage ; dans cette feconde fufion le fer perd près d'un quart ; M. Grignon m'a dit que c'étoit du zinc qui fe diffipoit pendant cette opération.

Le fer eft le métal le plus élaftique ; le plus dur & le plus ductile ; il s'écrouit par un prompt réfroidiffement ; c'eft ce qu'on nomme trempe.   .

Le fer s'unit par la fufion avec la plûpart des métaux , il altere leur ductilité & leurs couleurs, excepté celles de l'étain ; le fer qui eft combiné avec ce métal fe nomme fer-blanc ; il eft plus ductile que le fer , il fe rouille de même que ce métal.

Le fer refifte à la coupelle ; la terre martiale facilite la vitrification de la terre calcaire & de la plûpart des pierres.

Le fer eft foluble dans tous les acides , fa diffolution offre différens phénomenes , ils dépendent tous du phlogiftique contenu dans ce métal & de la facilité avec laquelle il peut en être dégagé ; mais, suivant la nature de l'acide qu'on employe, les effets varient.

L'acide vitriolique étendu de huit parties d'eau & versé sur de la limaille de fer, la diffout avec la plus forte effervescence ; il s'en dégage des vapeurs qui ont une odeur particuliere ; ces vapeurs sont inflammables ; lorsqu'on veut reconnoître leurs propriétés, il ne faut en enflammer qu'une petite quantité ; dans le même instant il se produit un bruit très-fort, & il seroit suivi d'une explosion violente, si l'on avoit retenu une grande quantité de ces vapeurs ; elles restent enflammées & produisent une flamme bleue, sans odeur, durant le tems de la dissolution du fer ; en réfroidissant elle cristallise & produit du vitriol martial , les cristaux de ce sel sont rhomboïdes, ils sont verds & transparens , ils deviennent jaunes & opaques lorsqu'on les expose à l'air ; ce sel doit sa couleur & sa transparence à l'eau de sa cristallisation ; il devient blanc, jaune ou rouge, suivant le degré de chaleur qu'on a employé pour la lui enlever.

J'ai obtenu par l'évaporation insensible d'une dissolution de vitriol martial un cris-

tal régulier , qui repréfente un prifme hexagone , terminé par une pyramide hexaëdre
tronquée , les plans de la pyramide font
alternativement triangulaires & hexagones,
le fommet de la pyramide eſt triangulaire,
deux des triangles oppofés font féparés des
plans hexagones, par un rectangle. Ce criſtal eſt compofé de feize facettes.

L'acide nitreux , verfé fur du fer , fait une
très-vive effervefcence en s'uniſſant au phlogiſtique de ce métal , il fe diſſipe en partie fous forme de vapeurs rouges , qui ne
font point inflammables ; le fer fe trouve
au fond du vaiſſeau fous forme d'une chaux
jaune.

L'acide marin diſſout le fer avec effervefcence , & les vapeurs qu'il en dégage font
bien plus inflammables que celles de l'acide vitriolique ; le fel qui en réfulte eſt déliquefcent.

Lorſqu'on combine avec le fer de l'acide
marin très-concentré , en fublimant enfemble parties égales de fel ammoniac & de
fer , on trouve au fond de la cornue une
maſſe faline blanche, feuilletée & compofée
de petites lames quarrées tranfparentes ; ce
fel neutre eſt attirable par l'aimant ; expofé

à l'air, il devient brun & y tombe en déliquium.

Le fer ne peut point s'amalgamer avec le mercure.

PREMIERE ESPECE.

Fer vierge.

La plûpart des Minéralogiftes en parlent & difent qu'il eft ductile.

DEUXIEME ESPECE.

Mine de fer octahedre.

Elle eft grife, fa furface eft polie & fes criftaux compofés de deux pyramides quadrilateres, unies par leurs bafes; ces criftaux font attirables par l'aimant, & ne font point ductiles.

TROISIEME ESPECE.

Mine de fer noirâtre, à facettes brillantes.

Elle eft attirable par l'aimant, les facettes dont elle eft compofée varient beaucoup par leurs grandeurs, & font formées de lames ou de feuillets irréguliers très-minces ; souvent les parties dont cette mine est composée ont la finesse de celles de l'acier.

QUATRIEME ESPECE.

Sable ferrugineux, noir.

Il est en partie attirable par l'aimant & composé de petits cristaux octahedres ; on en trouve de cette espece dans les lits des fleuves & des rivieres.

CINQUIEME ESPECE.

Aimant.

Cette mine de fer est très-pure ; elle perd au feu sa propriété, sans perdre de son poids.

L'aimant varie par sa couleur & sa cristallisation ; celui qu'on trouve en Sibérie est gris, brillant & composé de feuillets quarrés ; l'aimant de St. Domingue est brun & ordinairement composé de parties très-fines ; on y remarque quelquefois des cristaux octahedres. Cette espece d'aimant reçoit par l'armure beaucoup plus de force que les autres.

L'aimant se trouve quelquefois mêlé avec

des terres de différentes efpeces & de différentes couleurs ; il y eft en petits grains
prefque ifolés, & qui ont tous la propriété
magnétique ; on donne à l'aimant l'épithete
de la couleur de la gangue dans laquelle il
fe trouve.

L'aimant & les mines de fer attirables
font celles qui produifent le plus de métal.

SIXIEME ESPECE.

Fer minéralifé par le foufre.

Il n'eft point attirable par l'aimant, quoiqu'il ait la couleur de l'acier & qu'il ne
contienne qu'une très-petite quantité de
foufre : on nomme cette mine fpéculaire,
lorfqu'elle eft cumpofée de facettes brillantes, qui font l'effet de miroir ; on en
trouve de cette efpece en Auvergne, dans
le Mont d'or ; j'en ai des lames qui ont
vingt lignes de long fur huit de large, &
une ligne d'épaiffeur ; les côtés font coupés
en bifeaux ; il y en a qui font compofés
de feuillets rhomboïdes pofés les uns fur les
autres ; cette mine eft très-fragile & donne
des étincelles, lorfqu'on la frappe avec le
briquet.

SEPTIEME ESPECE.

Fer minéralisé par le soufre.

Cette mine diffère de la précédente par sa criftallifation, elle reffemble au fpath lenticulaire, fes criftaux font compofés de deux pyramides obtufes triangulaires, jointes bafe à bafe ; la mine de fer de l'Ifle d'Elbc eft de cette efpece ; on trouve dans la fracture de plufieurs de ces morceaux une terre blanche, ftriée, mêlée de fer, femblable à celle que M. Grignon a rencontrée dans des morceaux de fonte mêlés de lettier.

La criftallifation de la mine de fer de l'Ifle d'Elbe varie ; il y en a qui repréfente des cubes rectangles, dont les faces oppofées font tronquées de biais alternativement.

HUITIEME ESPECE.

Mine de fer micacée, EISENMAN.

Elle eft grife, brillante & compofée de petits feuillets très-minces, qui n'ont que peu d'adhérence & qui la perdent par le moindre frottement ; de forte que cette mine paroît alors femblable à du mica ; le fer qu'elle contient eſt minéraliſé par le foufre , elle eſt très-riche.

NEUVIEME ESPECE.

Pyrite martiale.

On donne ce nom à une mine de fer qui fe trouve en morceaux iſolés dans diffé- rentes eſpeces de terre ; les pyrites martia- les font ordinairement ſtriées dans leur in- térieur qui eſt jaunâtre & brillant : leurs furfaces varient par la couleur. On en trou- ve d'un jaune pâle , de brunes & de griſâ- tres , mêlées de points jaunes & brillans.

Les pyrites martiales font feu avec le bri- quet ; elles font compoſées de fer , de fou- fre , & d'un peu de terre calcaire ou alumi- neufe ; la quantité de foufre qu'elles con- tiennent varie beaucoup ; elles affectent di- verfes formes : on en trouve de rondes , d'oblongues , d'autres raſſemblées en grap- pes , quelquefois elles font par couches ou lames.

Les pyrites martiales d'un jaune pâle dans

leur intérieur, font ordinairement criftallifées en rayons qui partent d'un centre
commun ; leur furface eft compofée de
pyramides à quatre pans tronqués, elles
contiennent près de trente livres de foufre
par quintal ; ces pyrites réduites en poudre dans un mortier de porphyre, font en
partie attirables par l'aimant, ce qui fait
connoître que dans cette mine le foufre
n'eft point combiné avec le fer, comme
dans les mines fpéculaires ; c'eft ce qui eft
caufe de la facilité avec laquelle elles tombent en efflorefcence : l'eau devient l'intermede de leur décompofition, il faut qu'elle
foit dans la proportion de plus d'un tiers,
ce que j'ai reconnu par l'analyfe d'une terre
noire qui s'enflammoit lorfqu'elle étoit expofée en tas à l'air libre ; cette terre fe trouve à Beaurin, à une lieue de Noyon. Le
lit a quatre pieds & demi, & eft à vingt
pieds de profondeur. Cette terre noire eft
un amas de petites pyrites martiales ; elles
contiennent près de moitié de leur poids
d'eau ; elles doivent leurs couleurs à une
petite portion de bitume. Un mélange de
parties égales de foufre & de fer, & deux

parties d'eau produit le même phénomene; il s'en dégage d'abord une odeur de foie de foufre décompofé, enfuite il s'échauffe & s'enflamme, le réfidu eft rougeâtre & pro- duit par quintal vingt livres de vitriol martial.

Lorfque les pyrites martiales fe décom- pofent fans s'enflammer, ce qui arrive tou- jours par le moyen de l'eau, elles produi- fent une bien plus grande quantité de vitriol; elles paroiffent couvertes de petits criftaux blanchâtres & ftriés, qu'on nomme efflo- refcence; elle jaunit fouvent à l'air, à l'ai- de du tems & de l'eau. Les pyrites fe dé- compofent entiérement & fe changent en vitriol qui criftallife en ftries paralleles; il paroît foyeux & opaque; on le nomme improprement alun de plume; fi on le dif- fout dans l'eau, il produit par l'évapora- tion de beaux criftaux verds tranfparens & rhomboïdes; à l'air ils perdent leurs couleurs & leur tranfparence en perdant l'eau de leur criftallifation; le vitriol fe trouve fouvent dans les mines fous forme de ftalactites. On en trouve auffi dans la plûpart des eaux minérales; ces eaux ne tardent point à se décomposer, suivant la nature des substances sur lesquelles elles passent : elles produisent de nouveaux sels, le sel de Glauber ou d'Epsom, qu'on rencontre dans l'eau de plusieurs fontaines, est produit par la décomposition du sel gemme, par le moyen du vitriol martial ; l'acide marin du sel gemme s'unissant avec la terre martiale, a servi à former le fer spathique.

Les madrépores, les oursins, les coquilles & les autres corps marins changés en fer, & les dépôts par couche de terre martiale qu'on rencontre dans plusieurs endroits, ont été formés par la décomposition du vitriol martial par le moyen de la terre calcaire, de même que les mines de fer en grains, & d'autres formées par couche, comme les pierres d'aigle : ces dernieres contiennent dans leur intérieur qui est creux, ou du sable ou de la terre martiale, d'où provient le bruit qu'on entend lorsqu'on secoue une de ces pierres.

La terre martiale séparée sans intermede d'une dissolution de vitriol, prend une couleur jaune ; on la nomme ochre. Si on la calcine, elle devient rouge. Le bol d'Ar-

ménie & le crayon rouge, font des argilles colorées par une ochre de cette efpece.

DIXIEME ESPECE.

Hématite.

L'ochre martiale qui a éprouvé l'aĉtion
du feu eſt très-divifée ; chariée par l'eau &
dépofée dans des cavités , elle prend des
formes différentes & affeĉte toutes celles
qu'on reconnoît aux ſtalaĉtites & ſtalagmi-
tes ; on nomme ces dépôts hématites; il y
en a de très-dures & d'autres fragiles ; quelques-unes paroiffent compofées de filets difpofés en rayons qui partent du même centre, d'autres font formées par couches : toutes les hématites ne font point rouges ; il y
en a de brunes & de noirâtres ; toutes ces
efpeces produifent un excellent fer & n'ont
pas befoin de torréfaĉtion.

Il y a une hématite très - dure dont on
fait des petits inſtrumens , qu'on employe
pour polir ; on les nomme bruniffoirs.

ONZIEME

ONZIEME ESPECE.

Mine de fer rouge micacée, EISENRAM.

Elle eft compofée de feuillets rouges & brillants, elle paroît avoir été formée par couche; cette mine produit un très-bon fer.

DOUZIEME ESPECE.

Mine de fer fpathique , fer minéralifé par l'acide marin.

Le fer attirable par l'aimant eft très-commun; on en trouve en grande quantité en Suede, en Sibérie & dans plufieurs autres contrées; mais le fer minéralifé par l'acide marin l'eft beaucoup plus, on en rencontre prefque par-tout; les Minéralogiftes lui ont donné le nom de fer fpathique, parce qu'à l'extérieur il reffemble à du fpath; les expériences que j'ai faites fur cette efpece de mine m'ont fait connoître qu'elle étoit compofée d'acide marin, de fer & d'une matiere graffe qui rendoit ce fel neutre infoluble.

La criftallifation des mines de fer fpathiques varie; il y en a qui font en crêtes arrondies, blanches & brillantes, difpofées

O

irrégulierement , elles ont quelquefois fept lignes de diametre , les bords font amincis; ces criftaux font renflés dans le milieu comme une lentille , ils font compofés d'un amas de petits feuillets quarrés & tranfparens.

Quoique toutes les mines de fer fpathiques foient formées d'acide marin & de fer, elles varient par leurs couleurs & leurs formes ; celle de Baigorri en Baffe-Navarre eft blanche , elle fe trouve avec la mine d'argent grife & de la pyrite cuivreufe. La mine de fer fpathique de Bendorf, dans l'Electorat de Treves, eft rouge ; celle de Dauphiné &. des Pyrénées eft blanchâtre , quelquefois jaune & fouvent brune ; ces criftaux font rhomboïdes.

La mine de fer fpathique de Sibérie eft cubique , brune & ftriée , elle eft exploitée pour l'or qu'elle contient ; on trouve à Mont-Bar en Bourgogne , une mine de fer femblable à celle de Sibérie ; les cubes font un peu plus petits & également ftriés fur leurs faces, elle ne contient point d'or. Ces deux efpeces de mines contiennent beaucoup moins d'acide marin que le fer fpathique blanc , puifqu'elles n'en produifent que quinze livres par quintal, tandis que les autres en produifent trente-cinq : la mine de fer fpathique blanche devient brune du côté où elle a été expofée à l'air & à la pluie, tandis que l'autre refte blanc ; le côté qui a changé de couleur eft moins dur que celui qui eft blanc.

La mine de fer fpathique blanche donne des étincelles lorfqu'on la frappe avec le briquet, elle ne fait point effervefcence avec les acides ; expofée au feu, elle décrépite, devient noire & attirable par l'aimant ; durant cette calcination elle perd trente-cinq livres d'acide marin par quintal : pour le retirer il faut diftiller dans une cornue, au fourneau de réverbere, des quintaux fictifs de cette mine, adapter à la cornue un récipient enduit d'huile de tartre par défaillance ; l'acide marin dégagé du fer, par le moyen du feu, fe combine avec l'alkali fixe, & les parois du récipient fe trouvent après la diftillation couverts de criftaux cubiques ; ce qui refte dans la cornue eft noir & attirable par l'aimant ; en le pefant on reconnoît la quantité d'acide marin que contenoit la mine de fer fpathique qu'on a employé.

On peut faire artificiellement du fer fpathique, en diftillant dans une cornue, au fourneau de réverbere, un mélange de deux parties de fel ammoniac & d'une de fer ; le réfidu de cette diftillation eft blanchâtre, feuilleté & plus attirable par l'aimant que le fer ; expofé à l'air il augmente de volume & devient brun ; fi on le met dans un endroit humide, il y tombe en deliquium.

Les mines de fer fpathiques font après l'aimant les plus aifées à exploiter , elles n'ont pas befoin d'être torréfiées ; mais par une erreur accréditée on les torréfie encore dans plufieurs endroits ; cette opération ne doit être employée que lorfque la mine contient de la pyrite.

TREIZIEME ESPECE.

Mine de fer noirâtre, cellulaire & très-légere.

Elle reffemble par fa légereré à l'efpece de charbon que produit l'huile de gayac , lorfqu'on l'a enflammée par le moyen de l'efprit de nitre fumant ; elle contient du cobalt.

On trouve du fer , mais en petite quantité dans les blendes , les mines de cobalt & d'arfenic, les mines d'étain & de cuivre,

celles d'or & d'argent rouge, dans les granits, les bafaltes, le lapis, l'émeril, le
zinopel, &c.

Pour déterminer la quantité de métal que
contenoient les différentes efpeces de mines
dont je viens de parler, j'ai employé un flux
compofé de parties égales de chaux éteinte
& de quartz, mêlé d'un huitiéme de charbon ; * j'ai mis ces mélanges dans des creu-
fets brafqués,& après les avoir tenus à un feu
très-violent pendant une demie-heure, j'ai
trouvé au fond les culots de fer, ils étoient
recouverts d'un verre verdâtre.

*Table du produit des différentes. efpeces de
mines de fer par le flux précédent.*

Un quintal a produit.

Aimant. . . . . 75 livres.
Eifenman. 50
Pyrites martiales. . . . 40
Ochre jaune. 48
Hématite. 54
Fer fpathique. 39
Fer fpeculaire. 50

Dans les réductions j'employe deux parties de flux
contre une de mine.

O iij

Ces eſſais demandent un feu très-conſidérable, il ſe diſſipe ſouvent un peu de fer, il y en a toujours une partie qui ſe vitrifie & qui ſert à colorer le verre; c'eſt pourquoi ils peuvent varier de quelques livres.

C U I V R E.

Le cuivre eſt un métal ſonore & très-ductile, il a une odeur particuliere ; lorſqu'il eſt pur il eſt rougeâtre ; expoſé au feu il rougit avant de ſe fondre ; lorſqu'il eſt fondu, il bout & ſe réduit en une chaux noirâtre ; expoſée à un feu violent elle ſe vitrifie & produit un émail brun chatoyant.

Le cuivre ne peut point être granulé comme les autres ſubſtances métalliques ; ſi l'on verſe dans de l'eau du cuivre en fuſion, il ſe fait une exploſion terrible & très-dangereuſe.

Le cuivre expoſé à l'air y perd ſa couleur & ſe couvre d'une effloreſcence verte, cette rouille eſt connu ſous le nom de verd-de-gris ; c'eſt une malachite inſoluble dans l'eau ; les Statues & les Médailles antiques en ſont recouvertes, elle acquiert avec le temps une ſi grande dureté qu'elle réſiſte au burin ; cette malachite est soluble dans les acides : prise intérieurement, de même que le cuivre sous forme métallique ou de chaux, & les sels qui résultent de l'union de ce métal avec les acides ou les alkalis, elle occasionne des vomissemens, des tranchées, & la mort même, si l'on n'a pas eu soin de faire prendre au malade du vinaigre.

Le cuivre se trouve minéralisé par le soufre, l'alkali volatil & la matiere grasse qui est produite par l'alkali volatil décomposé ; on le trouve aussi sous forme métallique.

Les mines de cuivre sulfureuses ont besoin d'être torréfiées plusieurs fois avant d'être fondues, malgré ces précautions elles retiennent toujours du soufre ; il rend fragile & noire une partie du cuivre de la premiere fusion, on la nomme matte ; pour lui enlever ce soufre il faut la tenir long-temps en fusion. Si le cuivre contient de l'argent, on le fond avec du plomb & on le coule en tables ou pains de différentes grandeurs ; ensuite on le porte dans un fourneau fait exprès, dans lequel on fait un feu propre à fondre le plomb, qui entraîne avec lui

l'argent. Cette opération fe nomme liqua-
tion.

Le cuivre natif, la mine de cuivre azu-
rée & la malachite, n'ont point befoin de
torréfaction ; elles ne contiennent point
d'argent.

Le cuivre eft foluble dans tous les acides
avec lefquels il forme des fels neutres : les
acides concentrés n'ont point d'action fur
ce métal.

L'acide vitriolique, combiné avec le cuivre, forme un fel neutre, nommé vitriol
bleu, vitriol de Chypre, ou couperofe ; ces
criftaux repréfentent des prifmes à huit pans
tronqués obliquement & offrent deux plans
à chaque extrêmité ; expofés à l'air ils deviennent verds.

Le nitre cuivreux eft bleu & déliquefcent ; l'acide marin combiné avec le cuivre,
forme un fel neutre, verd & déliquefcent.

L'acide du vinaigre combiné avec le cuivre, forme un fel neutre verd, nommé
verdet ou verd-de-gris, les criftaux de ce
fel font rhomboïdes.

Le cuivre eft la feule des fubftances métalliques qui foit foluble dans l'alkali vola-

til & qui produife avec e menftrue un fel fufceptible de criftallifer ; ces criftaux font du plus beau bleu d'azur.

Le cuivre s'unit par la fufion avec la plûpart des métaux , il n'altere point leur ductilité ; ce métal fondu en certaines proportions , avec du zinc , perd fa couleur rouge & devient jaune ; ce mélange métallique eft moins ductile que le cuivre ; on le nomme laiton, pinchbeck, fimilor, cuivre jaune.

L'arfenic fondu avec le cuivre produit un mélange métallique blanc & fragile , il eft bien plus dangereux que le cuivre , il fe décompofe plus aifément.

L'étain s'applique facilement à la furface du cuivre, il le défend de la rouille.

Le vernis gras , diffous dans l'huile de thérébentine , & enfuite appliqué à la furface du cuivre , qu'on a foin de chauffer pour accélérer le deffechement du vernis & lui donner une couleur brune, forme un enduit qui empêche que l'eau & les acides n'attaquent le cuivre ; c'eft ce même vernis qu'on applique à chaud à la furface du cuivre jaune & qui colore en brun les figures qu'on nomme bronze.

PREMIERE ESPECE.

Cuivre natif.

Il eft rougeâtre & ductile , il affecte différentes formes ; on en trouve en rameaux ou en épis , dans des filons de quartz ; il y en a dont les criftaux font rouges , fragiles & ftriés comme le cinabre.

Le cuivre natif fe trouve quelquefois avec de la terre martiale, en parties fi divifées , qu'il reffemble à un jafpe rougeâtre ; en frottant cette mine fur un caillou elle y laiffe une trace rouge , femblable à celle du cuivre.

M. Wallerius rapporte qu'il y a du cuivre vierge , criftallifé en cubes.

Toutes les mines de cuivre vierge expofées à l'air libre , s'y alterent ; leur furface fe couvre d'une efflorefcence bleue ou verte.

DEUXIEME ESPECE.

Mine de cuivre grife.

Sa couleur eft femblable à celle de la galene , j'ai vu des criftaux octahedres de

cette efpece de mine, leur furface étoit recouverte de malachite.

La mine de cuivre grife contient par
quintal vingt-cinq livres de foufre, trois
livres d'arfenic, trente-fix livres de fer,
trente-trois livres de cuivre, un marc
deux onces d'argent.

Le régule qu'on obtient par la réduction
de cette mine eft gris & fragile ; il contient
du fer, du cuivre & de l'argent.

On fépare de cette mine le foufre & l'arfenic par la calcination, le fer par la fublimation avec le fel ammoniac, & l'argent
par le moyen de la coupelle.

TROISIEME ESPECE.

Mine de Cuivre hépatique, ou couleur de foie.

Elle eft d'un brun rougeâtre & ne perd
que quatre livres par quintal: pendant la calcination, elle devient noire, l'aimant en
attire une partie. Par la réduction, j'ai obtenu par quintal, un culot d'un mélange
métallique, blanc & fragile, compofé de
fer, de cuivre & d'argent, il pefoit quaran-
te-deux livres ; le fer féparé par la fublima-

tion avec le fel ammoniac, j'ai reconnu que cette mine contenoit trente livres de cuivre & un marc d'argent.

QUATRIEME ESPECE.

Mine de Cuivre jaune.

On en trouve de différentes nuances, elles font quelquefois chatoyantes & recouvertes de malachite.

La mine de cuivre jaune contient du foufre, du fer & du cuivre ; par la réduction j'en ai retiré par quintal dix-neuf livres de cuivre rouge.

CINQUIEME ESPECE.

Pyrites cuivreuses.

Elles different de la mine de cuivre jaune en ce qu'elles fe trouvent ordinairement en petites maffes régulieres & féparées ; il y en a qui font criftallifées en cubes, d'autres font dodécahedres, & compofées de douze plans pentagones. M. Delifle m'en a fait voir d'icofahedres, compofées de vingt facettes triangulaires.

Toutes les pyrites cuivreufes font bril-

lantes & fpéculaires ; il y en a qui ne tombent point en efflorefcence à l'air ; on les
nomme marcaffites ; les Bijoutiers les tail-
lent & les montent comme les pierres fines
dont elles ont le brillant.

Les Péruviens faifoient beaucoup de cas
des pyrites de cette efpece , ils les poliffoient
d'un côté , alors elles réfléchiffoient les
objets comme des miroirs ; on en trouve
dans les tombeaux des Incas.

Il y a des pyrites cuivreufes cubiques ;
ftriées fur toutes leurs faces ; quelques-unes
font recouvertes d'un enduit brun très-
mince , dans leurs fractures elles font jaunes & brillantes. On remarque à la furface
de quelques pyrites cuivreufes les couleurs
les plus vives & les plus variées ; on trouve
de ces pyrites trouées dans leur intérieur &
qui paroiffent s'être formées comme les
ftalactites.

Toutes les pyrites cuivreufes ne font
point criftallifées regulierement , on en
trouve où l'on ne diftingue point de forme, quelques - unes font feuilletées ; elles
different de la mine de cuivre jaune , parce
qu'elles contiennent toujours beaucoup plus
de fer & de foufre ; par la calcination elles

perdent trente - cinq livres par quintal; la mine de cuivre jaune ne perd que neuf livres.

Les pyrites cuivreuſes, à l'aide de l'eau, par l'intermede du fer qu'elles contiennent, tombent en efflorescence ; il en réſulte un vitriol compoſé de fer & de cuivre ; l'eau qui le tient en diſſolution eſt nommée eau cémentatoire ; on en trouve dans pluſieurs endroits où il y a des mines de cuivre ; lorſqu'elle s'infiltre dans des cavités, elle produit des ſtalactites de vitriol bleuâtre.

L'eau cémentatoire ſe décompoſe lorſqu'elle rencontre ou des terres calcaires, ou du fer ; le cuivre qu'elle contient prend une couleur bleue, lorſque l'eau cémentatoire eſt décompoſée par une terre calcaire ; ſi elle l'a été par du fer, ſous forme métallique, le cuivre prend la forme du fer, & la couleur propre à ce premier métal.

Les ſubſtances oſſeuſes décompoſées par de l'eau cémentatoire, produiſent les turquoiſes.

SIXIEME ESPECE.

Mine de Cuivre azurée transparente.

Cette mine est du plus beau bleu d'azur, on la trouve quelquefois cristallisée régulierement ; ces cristaux représentent des prismes à quatre pans comprimés, terminés à une extrêmité par une pyramide dihedre à plans triangulaires, l'autre est rhomboïde; on trouve des cristaux de cette espece striés & rayonnés, ils sont composés d'alkali volatil & de cuivre ; exposés à l'air ils se décomposent, deviennent cellulaires & verds.

On peut faire des cristaux de cuivre azurés, semblables à ceux que je viens de décrire, en saturant de cuivre de l'alkali volatil dégagé du sel ammoniac par l'alkali fixe ; cette dissolution se fait sans chaleur, sans effervescence, & demande beaucoup de temps, elle est d'un bleu d'azur foncé; lorsqu'elle est faite & qu'on la laisse évaporer insensiblement, il se dépose des cristaux semblables aux précédens ; ils sont formés d'alkali volatil & de cuivre. Si la dissolution a été trop étendue d'eau, elle se

décompofe , le principe de l'odeur de l'alkali volatil fe dîffipe , la matiere graffe que
cet alkali contient , s'unit avec le cuivre &
forme un fel neutre verd , infoluble dans
l'eau , connu fous le nom de malachite ; le
principe de l'odeur de l'alkali volatil , en
s'uniffant avec l'acide vitriolique répandu
dans l'air, le fait paffer à l'état d'acide marin;
celui-ci rencontrant l'alkali fixe , qui fert
de bafe à l'alkali volatil , s'y unit & produit
du fel marin ; on remarque dans la plûpart
des cavités des mines de cuivre qui contiennent de la malachite , des criftaux de
plomb blanc , ils font formés d'acide marin
& de plomb.

SEPTIEME ESPECE.

Bleu de Montagne:

Il ne differe du cuivre azuré que par la
petiteffe & l'irrégularité de fes criftaux, ils
font fouvent mêlés de terre martiale & de
terre calcaire.

Toutes les efflorefcences cuivreufes bleues
contiennent de l'alkali volatil , elles s'alterent à l'air & deviennent vertes.

HUITIEME

HUITIEME ESPECE.

Malachite.

Elle est formée par une matiere grasse & du cuivre, on en rencontre dans les différens pays où il y a des mines de ce métal, les plus belles viennent de Sibérie; elles se trouvent ordinairement dans les cavités des mines de cuivre, en morceaux protubérancés de différentes grandeurs, elles prennent accroissement comme les stalactites & les stalagmites; il y en a qui sont formées par couches de différens verds plus ou moins foncés, celles qui sont striées sont également vertes; la malachite est soluble dans tous les acides, dans l'alkali volatil & dans les matieres grasses; le poli qu'elle peut recevoir s'altéreroit en peu de temps, si l'on n'avoit pas soin de vernir les bijoux qu'on fait avec cette substance.

La malachite est un sel neutre formé par une matiere huileuse & du cuivre : si on la distille elle produit de l'eau insipide, inodore & sans couleur ; dans cette opération elle perd la quatrieme partie de son poids & devient noire ; exposée à un feu

P

violent, elle forme un émail brun chatoyant; par la réduction j'en ai retiré soixan-
te-douze livres de cuivre par quintal.

NEUVIEME ESPECE.

Malachite striée & transparente.

Elle se trouve sous forme de petits cristaux striés, dans les cavités des mines de
cuivre.

DIXIEME ESPECE.

Mine de cuivre soyeuse de la Chine.

Elle ne differe de la malachite, que parce-
qu'elle est cellulaire; elle est formée par des
cristaux de cuivre azurés décomposés : ceux
qu'on prépare avec de l'alkali volatil & du
cuivre, en se décomposant, deviennent
verds & cellulaires.

Toutes ces especes de malachites m'ont
produit une égale quantité de cuivre, par la
réduction : lorsque la malachite contient du
fer, elle est verdâtre, ou d'un brun verdâtre.

ONZIEME ESPECE.

Verd de Montagne.

Il ne differe de la malachite qu'en ce qu'il eſt moins compacte & qu'il contient ſouvent des terres étrangeres.

La terre de Véronne eſt compoſée de malachite & d'argille.

On trouve du cuivre minéraliſé par l'arſenic, dans la mine de cobalt, nommée Kupfernickel.

Table du produit de différentes eſpeces de mine de cuivre, par le moyen d'un flux, compoſé de parties égales de ſable & de terre calcaire, & d'une demie partie de poix reſine.

Un quintal a produit,

Mine de cuivre jaune.... 19 livres.

grife..... 33

& 1 marc 2 onces d'argent.

hépatique. 30

& 1 marc d'argent.

Marcaſſite......... 13 livres.

Cuivre azuré & malachite. 75

PLOMB.

Le plomb eſt un métal d'un blanc bleuâtre, mou & ductile ; il ſe fond aiſément ;
expoſé au feu il bout & ſe volatiliſe en partie . ſi l'on n'a entretenu que le degré de feu
néceſſaire pour le tenir fondu, il ſe couvre
à ſa ſurface d'une pellicule griſe ; c'eſt une
chaux de plomb ; tenue au feu de réverbere
elle prend une couleur jaune ; ſi elle y a
reſtée long-temps elle devient rouge : dans
le premier cas, on la nomme maſſicot &
minium, lorſqu'elle eſt rouge ; par ces cal-
cinations le plomb augmente de dix livres
par quintal ; ces chaux de plomb expoſées
à un feu violent, ſe changent en un verre
feuilleté, blanchâtre & opaque, il eſt quelquefois rougeâtre ; on le nomme litharge ;
le plomb perd par la coupellation vingt
livres par quintal ; dans cette opération
il y a une partie du plomb qui ſe volatiliſe & s'attache aux parois des fourneaux
ſous forme de maſſicot ; la litharge facilite
la vitrification de la plûpart des métaux &
celle de preſque toutes les terres, excepté
la terre abſorbante, ce qui la rend propre
à faire des coupelles.

Le plomb perd à l'air son éclat & sa couleur, il y devient gris & terne, il est soluble dans la plûpart des acides avec lesquels il forme des sels neutres sucrés.

L'acide vitriolique combiné avec le plomb forme le vitriol de Saturne, ce sel est blanc & demande beaucoup d'eau pour sa dissolution.

Le nitre de Saturne est verdâtre & transparent.

Le plomb corné produit des cristaux blancs, transparens, composés de prismes à six pans.

Le plomb exposé à la vapeur du vinaigre devient blanc à sa surface, cette rouille de plomb est nommée cérufe; elle se dissout aisément dans le vinaigre, & forme un sel neutre, nommé sel ou sucre de Saturne; ses cristaux sont des prismes à quatre pans tronqués; exposés à l'air ils perdent leur transparence & y deviennent blancs.

La chaux & le verre de plomb sont solubles dans les huiles avec lesquelles elles forment une masse blanche, dure, insoluble dans l'eau; on la nomme emplâtre.

Toutes les préparations de plomb prises

intérieurement, font des poifons, elles cau-
fent des coliques & des paralyfies.

On fait entrer de la chaux de plomb dans
la plûpart des verres blancs.

Les terres cuites font verniffées avec du
verre de plomb , on y mêle fouvent de la
chaux de cuivre , pour leur donner une
couleur verte : les acides & les fels neutres
détruifent en peu de tems ces verres.

Le plomb fe trouve minéralifé par le
foufre & l'acide marin ; la mine de plomb
fulfureufe a befoin d'être calcinée pour
produire le métal qu'elle contient ; le fourneau de réverbere Anglois torréfie & réduit
en même temps ; on s'affure par l'effai de
la quantité d'argent contenu dans le plomb,
& on le coupelle s'il en contient affez pour
payer les frais de cette opération.

Le plomb minéralifé par l'acide marin
n'a pas befoin d'être torréfié.

PREMIERE ESPECE,

Mine de plomb fulfureufe , galene.

Le plomb minéralifé par le foufre eft
nommé galene , lorfqu'il eft criftallifé en
cubes ou en feuillets quarrés , ces cubes font

fouvent tronqués par leurs angles ; il y a des criftaux de galene octahedres ; quelquefois le fommet des pyramides eft tronqué, alors le criftal eft décahedre ; on remarque quelquefois à la furface de la galene différentes couleurs chatoyantes.

La galene torréfiée ne perd point fenfiblement de fon poids, quoique dans cette opération le foufre qui lui étoit uni fe diffipe : un quintal de plomb réduit en chaux augmente de dix livres, cette chaux réduite ne produit plus que quatre-vingt-dix livres de métal ; c'eft la raifon pour laquelle les mines de plomb fulfureufes, en perdant leur foufre par la calcination, pefent fouvent autant que la mine qu'on avoit employée, & que par la réduction elles ne produifent que foixante ou foixante-cinq livres de plomb.

DEUXIEME ESPECE.

Galene en ftalactites.

Elle repréfente des cylindres qui ont cinq lignes de diametre, ils ont quelquefois quatre ou cinq pouces de long ; Il y en a de perforés dans leur longueur, & d'autres dont l'intérieur eft rempli de pyrites mar-

tiales : la furface de ces ftalactites eft compofée de petits cubes brillants.

TROISIEME ESPECE.

*Mine de plomb compacte, à petits grains
brillans comme l'acier.*

Ce plomb eft minéralifé par le foufre ;
on en trouve quelquefois de ftrié.

La quantité de plomb que contiennent
les différentes efpeces de galene varie beaucoup, il y en a qui produifent foixante &
dix-fept livres par c intal ; la mine de
plomb de Nevers, qui fe trouve à la furface de la terre, fous forme de petits cubes, eft de cette efpece; les mines de plomb
du Limoufin ne m'ont donné par quintal
que cinquante-huit livres de métal ; ces
mines ne produifen point toutes une égale
quantité d'argent ; il y en a dont on ne
retire qu'une demie-once, d'autres une once
par quintal ; on en trouve qui en contiennent beaucoup plus.

QUATRIEME ESPECE.

Plomb minéralifé par l'acide marin ;
plomb blanc.

On en trouve dans prefque toutes les mines de ce métal ; fa reffemblance avec certaines efpeces de fpath, lui a fait donner le nom de plomb fpathique ; il fe trouve dans différens Etats ; il y en a de criftallifé régulierement , dont les criftaux font tranfparens & repréfentent des prifmes hexagones applatis, dont deux plans font larges & oppofés, terminés par deux pyramides trihedres, dont un des plans eft rhombe & les deux autres rhomboïdes.

On trouve dans les mines de Poullaoen, en Baffe-Bretagne , des criftaux de plomb blanc, opaques, qui repréfentent des prifmes à cinq pans, terminés par des pyramides qui ont autant de pans ; il y en a qui repréfentent des lames quarrées coupées en bifeaux par leurs extrêmités ; on y rencontre auffi des morceaux de plomb blanc ramifiés, qui paroiffent s'être formés de même que les ftalagmites.

Le plomb blanc qu'on trouve dans ces

mines du Hartz , eſt en criſtaux ſtriés , blancs , brillans , opaques & ſoyeux. Le plomb blanc ſe rencontre auſſi en maſſes irrégulieres.

La mine de plomb blanche m'a produit par la réduction en employant le flux noir quatre - vingt - quatre livres de plomb par quintal ; par la coupelle j'en ai retiré deux gros quarante grains d'argent.

CINQUIEME ESPECE.

Mine de plomb verte , plomb minéralisé par l'acide marin.

Ses criſtaux ſont tranſparens ; ils repréſentent des priſmes à ſix pans tronqués : lorſque ces criſtaux ſont ſtriés & irréguliers , ils ſont ordinairement opaques ; par la réduction j'en ai retiré ſoixante & ſeize livres de plomb par quintal , & par la coupelle cinq gros d'argent.

SIXIEME ESPECE.

Mine de plomb noir criſtallisée , plomb minéralisé par l'acide marin.

Cette mine a été découverte à Poullaben

dans les mêmes endroits oû l'on a trouvé le plomb blanc ; elle ne doit fa couleur qu'à une petite quantité de galene très-divifée, qui fe trouve à la furface de fes criftaux, qui font rougeâtres & opaques : ils repré-fentent des prifmes à cinq pans ſtriés.

Le plomb corné diffous dans l'eau eft rougeâtre , les premiers criftaux que cette diffolution produit font blancs , les feconds font rougeâtres : la mine de plomb noire contient plus de matiere graffe & moins de plomb que la mine de plomb blanche ; par la réduction , j'en ai retiré foixante-douze livres de plomb par quintal, elle ne contient point d'argent.

SEPTIEME ESPECE.

Mine de plomb rouge criftallifée & tranfparente.

Ses criftaux repréfentent des prifmes à qua-tre pans comprimés , une extrêmité eft ter-minée par une pyramide dihedre , dont les plans font des rhombes ; l'autre extrêmité eft terminée par un plan rhomboïde. La mine de plomb rouge eft, également que les précédentes, compofée d'acide marin & de plomb. M. Lehmann dit qu'elle doit fa couleur à du fer , qu'elle ne contient que cinquanre livres de plomb par quintal , & qu'elle ne produit point d'argent.

On trouve aussi des masses de plomb rouges & opaques.

Ces quatre especes de mines de plomb contiennent de l'acide marin & une matiere grasse. Le plomb blanc contient près de vingt livres d'acide marin par quintal ; on peut le retirer de ces mines par la distillation sans intermede , en adaptant à la cornue un récipient enduit d'huile de tartre par défaillance.

Les mines de plomb spathiques décrepitent lorsqu'on les expose au feu , & y entrent en fusion : le plomb verd laisse après avoir été fondu une masse grise & opaque , l'acide vitriolique distillé avec ces mines en dégage l'acide marin ; une partie de l'acide vitriolique devient sulfureux ; le vitriol de Saturne qu'on trouve dans la cornue, est blanc & ne se dissout que dans beaucoup d'eau.

De toutes les chaux métalliques , c'est celle du plomb qui est la plus facile à réduire : lorsqu'on coupelle du plomb , il s'en évapore près d'un dixiéme.

ÉTAIN.

L'Étain eſt un métal blanc, ductile, qui perd ſon brillant & ſa couleur à l'air ; lorſqu'on le ploie il fait un petit bruit, il perd cette propriété quand il a été battu : un mélange de parties égales de plomb & d'étain produit le même bruit lorſqu'on le ploye ; on ne peut donc pas juger de la pureté de l'étain par cet effet.

L'étain expoſé au feu ſe fond très-promptement, ſa ſurface ſe couvre d'une poudre griſe, qui eſt une chaux d'étain, nommée potée dans le commerce ; on l'employe pour polir les métaux & pour préparer l'émail : l'étain réduit en chaux augmente de poids & acquiert de la dureté par la calcination, ce qui annonce une eſpece de vitrification.

L'étain eſt ſoluble dans tous les acides ; combiné avec l'acide marin concentré, il forme la liqueur fumante de Libavius.

Toutes les diſſolutions d'étain ſont propres à aviver les couleurs rouges tirées des ſubſtances animales ; ſi l'on en verſe dans de l'or, diſſous dans de l'eau régale, il le précipite en pourpre.

L'étain a une odeur affez défagréable, on s'en apperçoit en le frottant avec la main : lorfqu'il eft fondu il ne répand point la même odeur, mais il s'en volatilife une partie : fi l'on expofe une lame d'or au deffus d'un creufet qui tient de l'étain en fufion, l'or devient aigre ; on a remarqué qu'un grain d'étain fuffifoit pour altérer la ductilité d'un marc d'or.

L'étain réfifte à la coupelle : on s'apperçoit aifément fi le plomb ou le métal qu'on veut coupeller en contiennent , alors le plomb n'entre point en bain , & la coupelle fe hériffe :

L'étain fe trouve toujours minéralifé par l'acide marin : ces mines contiennent ordinairement du fer ; lorfqu'elles n'en contiennent point elles font blanches & demi-tranfparentes ; les criftaux de cette mine font ordinairement accompagnés de mifpickel , qui eft une mine d'arfenic blanche, qui contient un peu de cobalt.

Quoique l'étain foit le plus léger des métaux , la mine dont on le retire eft la plus pefante des mines , elle fait feu avec le briquet ; expofée au feu , elle décrépite, change de couleur , se fond & répand une fumée blanche.

PREMIERE ESPECE.

Mine d'étain blanche , demi - transparente.

Elle est très-pesante & paroît vitreuse dans sa fracture, elle est composée d'acide marin & d'étain ; par la réduction j'en ai retiré soixante & quatre livres par quintal.

L'étain qu'on retire de cette mine est très-ductile , & ne contient point de matieres étrangeres.

M. Delisle a vû & décrit des cristaux d'étain blanc, il dit qu'ils sont octahedres.

DEUXIEME ESPECE.

Mine d'étain rougeâtre.

Ces cristaux sont ordinairement irréguliers , opaques , * rougeâtres & quelquefois noirs ; ils paroissent vitreux dans leur fracture , dans laquelle on trouve souvent de l'étain blanc.

---

* Suivant M. Delisle ces cristaux sont des cubes , dont les bords sont coupés.

La mine d'étain rougeâtre est composée d'acide marin, d'étain, de fer & d'une petite quantité de cobalt ; je n'en ai retiré que cinquante-quatre livres d'étain par quintal : il étoit moins ductile que le précédent, parce qu'il contenoit un peu de fer & de cobalt.

On peut retirer le fer contenu dans les mines d'étain rougeâtres, en les distillant avec du sel ammoniac.

Les mines d'étain n'ont point besoin d'être torréfiées lorsqu'elles ne contiennent ni mispickel, ni pyrites ; pour essayer ces mines d'étain j'en mêle une partie avec une partie de poudre de charbon, je mets ce mélange dans un creuset brasqué, à l'aide d'un feu très-vif la réduction se fait très-bien & très-promptement ; le métal déplace le charbon de la brasque & se trouve au fond du creuset ; durant cette opération l'acide marin se dégage sous forme de vapeurs blanches.

Si l'on distille ces mines d'étain avec de l'acide vitriolique, il se dégage d'abord de l'acide marin, ensuite de l'acide sulfureux ; on trouve dans la cornue un vitriol d'étain.

TROISIEME

TROISIEME ESPECE. •

Molybdène, plombagine, crayon noir.

Sa couleur est gris d'ardoise, elle est composée de feuillets gras au toucher ; on en
trouve dans les mines d'étain ; elle me paroît être un étain altéré, on peut en retirer
un peu de fer par la sublimation avec le sel
ammoniac : les acides n'alterent point la
molybdêne, elle ne pasfe point à la coupelle,
elle ne se vitrifie pas & furnage les mélanges propres à faire du verre.

On connoît en Chymie une préparation
d'étain, qu'on nomme *aurum musivum,*
Bronze des Modernes, qui a l'onctuosité,
la division & le feuilleté de la molybdêne ;
elle en differe par sa couleur qui est jaune
& brillante, elle devient noirâtre par la
calcination : on prépare l'*aurum musivum*
avec du soufre, du sel ammoniac & de
l'étain amalgamé avec du mercure ; l'étain
dans cette opération reçoit sa couleur de
l'acide marin.

On prépare avec la molybdêne des creu-
fets qui ne se fondent point au plus grand.

Q

feu ; fi l'on fond de l'or dedans il y devient très-aigre.

ARGENT.

L'argent eft un métal blanc très-ductile, il ne s'altere pas auffi aifément par la calcination que les autres métaux ; expofé à l'air il y perd fa couleur & devient noir ; cette altération eft produite par l'odeur de foie de foufre décompofé : l'argent réfifte à la coupelle ; ce métal peut s'unir en certaines proportions avec le cuivre , fans perdre fa couleur , fa ductilité n'en eft point altérée.

L'argent eft foluble dans tous les acides minéraux , les uns ont befoin d'être très-concentrés, les autres étendus d'eau ; l'acide vitriolique concentré, diftillé avec de l'argent corné , le décompofe & le diffout ; le vitriol qui en réfulte eft blanc , demi-tranfparent ; expofé à l'air , il en attire l'humidité & prend une couleur violette : il eft foluble dans l'eau.

L'acide nitreux concentré n'attaque point l'argent , étendu d'eau il le diffout avec efferveffence ; le nitre lunaire qui en réfulte criftallife en lames quarrées . coupées en

bifeaux à leurs extrêmités : ce fel eft blanc
& tranfparent ; expofé à l'air il devient
noir & opaque ; il eft très-cauftique : privé
de l'eau de fa criftallifation & d'une partie
de fon acide par la calcination , il devient
noir , fe fond comme de la cire & eft nommé pierre infernale , lorfqu'il eft réduit en
petits cylindres.

L'argent diffous dans l'acide marin eft
blanc ; ce fel eft connu fous le nom d'argent corné , il fe fond aifément au feu , en
réfroidiffant il prend une couleur rouffâ-
tre & fe laiffe couper comme de la cire.

L'argent diffous dans l'acide nitreux peut
être féparé de cet acide par le cuivre, c'eft
un moyen d'obtenir l'argent fous forme
métallique & en poudre très-divifée; cette
opération eft nommée départ. Si l'argent a
été féparé de l'acide nitreux par l'étain , il
eft fous forme de chaux grife ; fondue avec
du verre blanc , elle lui donne une couleur
jaunâtre.

L'argent diffous dans les acides eft un
poifon corrofif.

L'argent eft diffous très-rapidement & à
froid par le mercure , cette diffolution eft
nommée amalgame.

L'argent se trouve dans les mines sous forme métallique, minéralisé par le soufre, par l'arsenic & le soufre avec du fer, par le soufre & l'arsenic avec du cuivre, par le soufre avec du plomb, par l'acide marin : on trouve de cet argent corné dans la plûpart des mines d'argent natif, dans les contrées où l'on exploite par le moyen du mercure ; on perd cet argent corné, il n'est point susceptible de l'amalgame.

PREMIERE ESPECE.

Argent vierge.

Il est blanc & très-ductile, il prend différentes couleurs lorsqu'il est exposé à l'air. On en trouve de cristallisé en cubes, il est très-rare ; celui qui est en grains, dentelé, ramifié, capillaire ou en feuillets superficiels, est beaucoup plus commun.

Ces différentes especes d'argent natif se trouvent avec l'argent vitreux & l'argent corné.

L'argent natif que j'ai essayé étoit dans du spath calcaire blanc ; j'ai reconnu par la coupellation qu'il étoit à onze deniers douze grains ; j'en ai retiré par le départ sept gros d'or par quintal.

Nota. Dans les effais l'argent eft fuppofé divifé en douze parties, qu'on nomme deniers : le denier eft divifé en vingt-quatre parties, qu'on nomme grains.

J'ai extrait la note fuivante fur le Rofch-gewechs, de la Minéralogie de M. Vogel.

M. de Jufti eft le premier qui ait fait connoître cette mine, elle eft très-rare, fe trouve en Hongrie & fur-tout à Schemnitz, elle eft d'un gris blanchâtre ou noirâtre, quelquefois brunâtre ; ces couleurs fe trouvent fouvent réunies dans le même morceau ; fa fuperficie eft toujours granulée & très-dure, fa fracture eft d'un gris blanchâtre & liffe : elle femble fouvent mêlée avec des cubes pyriteux, mais ce n'eft rien moins que des pyrites, car le feu les décele pour argent natif ; c'eft de toutes les mines d'argent la plus riche, elle furpaffe même l'argent vitreux & rend quelquefois quatre-vingt-deux livres par quintal ; elle ne fe trouve que par nids, fa richeffe n'empêche pas les mineurs d'être fâchés de la rencontrer ; l'expérience leur ayant appris que la mine devient moins bonne pour un tems.

DEUXIEME ESPECE.

*Argent minéralisé par le soufre,
mine d'argent vitreuse.*

Elle est d'un gris noirâtre, se laisse aisément couper & ne contient que seize livres de soufre par quintal, elle affecte différentes formes ; il y en a dont les cristaux sont cubiques, d'autres sont octahedres, quelquefois ces octahedres sont tronqués, elle m'a produit quatre-vingt-quatre livres d'argent par quintal ; cette mine est donc plus riche que le Roschgewechs de M. Justi.

TROISIEME ESPECE.

Mine d'argent rouge.

Elle affecte différentes formes, est transparente ou opaque : il y en a dont les cristaux sont des prismes à six pans, terminés par deux pyramides applaties à trois pans, dont deux des plans sont rhombes, & le troisiéme un pentagone ; le prisme est composé de trois plans larges & de trois étroits;

j'en ai vû d'autres dont les pyramides étoient compoféés d'un rhombe & de deux trapezes.

On trouve de l'argent rouge mammelonné & difposé par couches.

Les mines d'argent rouge expofées à l'air perdent fouvent leurs couleurs, deviennent grifâtres ou noires ; dans leurs fractures ; elles paroiffent rouges ; elles contiennent par quintal douze livres d'arfenic , vingt livres de foufre , dix livres de fer & cinquante-huit livres d'argent ; pendant la calcination l'arfenic brûle & fe fublime en premier , enfuite le foufre , le fer & l'argent reftent dans le teft. On peut féparer le fer de l'argent par la fublimation avec le fel ammoniac.

QUATRIEME ESPECE.

Mine d'argent noire cellulaire.

Elle eft très-fragile & reffemble à des fcories poreufes , elle contient beaucoup plus de foufre que la mine d'argent vitreufe , elle m'a produit quinze marcs d'argent par quintal.

Q iv

CINQUIEME ESPECE.

Argent corné, criftallifé.

Ces criftaux font cubiques, ils font compofés d'argent & d'acide marin, la couleur
de cette mine varie; il y en a de blanche &
tranfparente, de lilas tendre & de brune,
elle perd ces couleurs à l'air & y devient
d'un gris rougeâtre : elle eft auffi molle que
de la cire & produit par quintal quatre-
vingt livres d'argent.

SIXIEME ESPECE.

Mine d'argent grife, criftallifée.

Ces criftaux repréfentent des pyramides
triangulaires, elle contient par quintal foi-
xante-treize livres d'arfenic, quatorze livres
de cuivre, cinq marcs d'argent & deux
livres de fer.

SEPTIEME ESPECE.

Mine d'argent en plumes.

Elle eft noire & compofée de ftries paral
leles & très-fines ; je n'ai point eu affez d

cette mine pour l'effayer : on dit qu'elle contient de l'antimoine, du foufre & quatre onces d'argent par quintal.

On trouve de l'argent dans les mines de cuivre grifes & dans celles qu'on nomme hépatiques, dans la plûpart des mines de plomb, &c.

La mine d'argent d'Allemont en Dauphiné, eft en partie minéralifée par le foufre ; elle produit fix marcs d'argent par quintal & autant de cobalt ; dans la réduction de cette mine, j'ai trouvé le culot de cobalt féparé de l'argent ; ils étoient à côté l'un de l'autre au fond du creufet.

Pour féparer l'argent de l'alliage qu'il peut contenir, on le coupelle avec du plomb dont on eft fûr ; celui qu'on obtient en réduifant du minium, contient fouvent une minicule d'argent ; il faut l'apprécier dans les effais. Comme le plomb volatilife auffi quelquefois un peu d'argent, il faut toujours faire un effai deux fois.

On fépare l'or de l'argent par le moyen de l'acide nitreux ; ce menftrue ne diffout pas l'or, il refte au fonds de la diffolution, fous la forme d'une poudre noire ; fi le mélange métallique contenoit plus d'or que d'argent, il faudroit employer de l'eau régale.

Produit des différentes especes de mines d'argent.

Un quintal a produit.

Argent natif..	96 livres d'argent & 7 onces d'or.	
Argent vitreux.	84	
Argent rouge..	58	
Argent noir...	7	8 onces.
Argent corné.	80	
Argent gris...	2	8 onces.

O R.

L'Or est un métal d'une couleur jaune; on en trouve de différentes nuances, il est très - ductile, il ne s'altere point au feu le plus long-temps continué, il y rougit avant d'entrer en fusion; lorsqu'il est prêt à fondre, il prend une couleur d'aigue-marine.

L'or se rencontre presque toujours sous forme métallique, quelquefois même cristallisée; il se trouve aussi en paillettes ou en petits morceaux irréguliers, dans du quartz ou dans les mines de fer minéralifées par l'acide marin : on peut retirer l'or natif des différentes gangues où il eft , par le moyen de l'amalgame. M. Brandt rapporte que fi on laiffe digérer lentement de l'or avec du mercure, on ne peut le féparer , ni par la calcination la plus forte avec le foufre , ni par la fonte plu-fieurs fois répétée au feu le plus violent : l'or qu'il a obtenu étoit blanc & fragile.

Lorfque l'or eft minéralifé par le foufre ou par l'arfenic , par l'intermede du fer, il faut employer des moyens particuliers pour le féparer de ces métaux.

L'or eft diffoluble dans l'eau régale , le foie de foufre & le mercure.

La diffolution d'or dans l'eau régale eft du plus beau jaune , on peut le précipiter par l'alkali fixe , alors il prend une cou-leur grifâtre ; expofé au feu, ou frotté for-tement , il fulmine.

Si l'on précipite l'or diffous dans l'eau régale par le moyen de l'étain , il prend une couleur rougeâtre , on le nomme pourpre minérale, précipité d'or de Caffius ; il fert à colorer en rouge & en pourpre les verres & les émaux ; dans cette opération l'or eft

réduit en chaux par le moyen de l'étain &
acquiert la propriété de se vitrifier.

Dans les essais on suppose l'or divisé en
vingt-quatre parties, on les nomme karats,
& le karat d'or divisé en trente-deux
parties.

L'or natif que j'ai eu occasion d'essayer
étoit à vingt-trois karats, vingt-quatre
trente-deuxiémes, il contient aussi quelquefois de l'argent.

PREMIERE ESPECE.

Or natif.

Il est d'un jaune de différentes nuances,
il contient souvent une petite quantité d'argent : on en trouve en lames, en grains &
en masses irrégulieres. L'or de Sibérie est
remarquable par l'espece de mine de fer
spathique dans laquelle il se trouve, elle
est brune & cristallisée en cubes striés.

On trouve souvent des paillettes d'or
dans les sables de plusieurs fleuves ou
rivieres.

J'ai vû dans le Cabinet de M. le Comte
d'Angivillé, des cristaux d'or natif, octahedres.

DEUXIEME ESPECE.

Or minéralisé par l'arfenic, par l'intermede du fer.

Cette mine vient de Nagyai en Autriche, fa furface eft mammelonnée & blanche, dans fa fracture on remarque différentes couleurs, du noir, du rougeâtre, du gris brillant & du blanc.

L'arfenic fe trouve dans cette mine fous forme de régule & fous celle de chaux, celui qui eft fous forme de régule eft noir & compofé de petits feuillets ou lames quarrées, brillantes & fpéculaires. La chaux d'arfenic eft à la furface & lui donne une couleur blanche; cette mine fait feu avec le briquet, devient grife & en partie attirable par l'aimant, après avoir été calcinée.

La mine d'or arfénicale de Nagyai contient par quintal.

Arfenic......	75	livres.
Cuivre......	11	
Fer....,.	8	
Quartz......	2	
Cobalt.....	3	7 onces.
Or......		9 onces.

TROISIEME ESPECE.

Or minéralisé par le soufre, par l'intermède
du fer.

Cette mine eſt jaune, brillante & compoſée de petites facettes ; elle contient par
quintal trente-cinq livres de ſoufre, quarante-cinq livres de fer & cinq marcs d'or.

PLATINE, PETIT ARGENT, OR BLANC.

Don Antonio de Ulloa, Mathématicien
Eſpagnol, eſt le premier qui ait parlé de la
platine en 1748 : on en trouve dans les mines d'or de l'Amérique Eſpagnole, & en
particulier dans celle de Santa-Fé, près Carthagêne & du Bailliage de Choco au Pérou :
elle eſt en petits grains applatis d'une couleur griſe, blanchâtre.

La platine a la peſanteur de l'or ; elle
contient ſouvent du mercure & de l'or ; j'ai
retiré par la diſtillation de quatre onces
de platine un gros de mercure, le réſidu
étoit noirâtre ; j'en ai ſéparé vingt-quatre
grains d'or d'une belle couleur jaune ;
avec un barreau aimanté j'ai retiré de
ces quatre onces de platine vingt grains

d'une poudre noire attirable par l'aimant, elle eſt inſoluble dans les acides ; je l'ai ſublimée avec du ſel ammoniac & j'ai obtenu des fleurs martiales.

La platine expoſée à un feu violent s'eſt agglutinée à ſa ſurface & a un peu noirci, elle n'eſt ſoluble que dans l'eau régale : ſa diſſolution eſt rougeâtre, comme la teinture de ſafran très-foncée : les criſtaux qu'elle produit ſont jaunâtres & irréguliers : la diſſolution de platine ne tache point les ſubſtances animales.

Pluſieurs Phyſiciens regardent la platine comme un métal parfait : elle n'eſt point ductile, elle réſiſte à la coupelle & au feu le plus violent, elle paroît ne point y éprouver d'altération : elle peut s'allier avec les ſubſtances métalliques, mais elle altere leur ductilité.

Lorſqu'on veut reconnoître ſi l'or eſt allié avec de la platine, il faut le diſſoudre dans l'eau régale, en y ajoutant du ſel ammoniac diſſous dans de l'eau, la platine ſe précipite ſous la forme d'une poudre rougeâtre.

Moyens de reconnoître les différentes matieres qui se trouvent dans l'eau.

On trouve rarement de l'eau pure, elle tient presque toujours en diffolution quelques fubftances falines : pour les reconnoître il faut avoir recours à différens moyens ; on en détermine la quantité par l'évaporation, la nature par la criftallifation & la décompofition.

L'eau reçoit la température du lieu où elle fe trouve ; au terme de la glace, elle criftallife ; lorfqu'elle féjourne fur des terreins échauffés par des feux fouterreins, elle en partage la chaleur & en reçoit fouvent des propriétés en fe combinant avec le foie de foufre volatil que ces feux produifent, ou avec le mixte éthéré dont l'eau peut fe charger.

Lorfque l'eau tient fufpendue de la terre, elle eft trouble : on peut la féparer par la filtration, ou en la laiffant dépofer.

La félénite eft la fubftance faline qu'on trouve le plus ordinairement dans l'eau, ce fel eft compofé d'acide vitriolique & de terre abforbante ; la plûpart des eaux de

source

source en contiennent; si l'on verse dedans de la dissolution de mercure dans l'acide nitreux , il se fait un précipité jaune ; si l'on y verse de l'alkali fixe, la terre absorbante se précipite.

Pour connoître si l'eau contient du sel marin, il faut la rapprocher par l'évaporation , par ce moyen on obtient des cristaux cubiques ; mis sur des charbons ardens ils décrépitent : si l'on verse dans cette eau de la dissolution de mercure dans l'acide nitreux ; il se fait un précipité blanc ; l'eau qui tient en dissolution du sel marin à base terreuse , produit un précipité blanc beaucoup plus abondant : par l'évaporation on en retire un sel déliquescent.

Lorsque l'eau tient en dissolution du sel ammoniac , il faut la rapprocher par l'évaporation, jusqu'au point de la cristallisation, & verser dedans un peu d'alkali fixe ; sur le champ il s'en dégage de l'alkali volatil : le nouveau sel neutre qui se trouve dans cette eau indique la nature du sel ammoniac ; pour déterminer si c'est du sel ammoniac vitriolique qu'elle contient , il faut verser dedans de la dissolution de mercure dans l'acide nitreux, il se fait un précipité jaune. R

L'eau qui a une odeur fétide contient du foie de soufre terreux : en exposant à la surface un papier sur lequel on a tracé des caracteres avec du vinaigre de Saturne, ils deviennent noirs ; en versant dans cette eau un acide, on en dégage une odeur bien plus fétide, l'eau se trouble, & il se précipite du soufre.

On trouve dans l'eau de plusieurs sources du vitriol martial : en mettant dedans de la décoction de noix de galle, ou de thé, ou bien de la poudre de noix de galle, elle prend une couleur bleue ou noire ; la même eau contient souvent du vitriol bleu : en mettant dedans une lame de fer poli, on le reconnoît aisément, la lame devient rouge à sa surface. Lorsque l'eau contient beaucoup de vitriol de cuivre, elle est bleue ; cette eau cémentatoire est un poison corrosif.

Lorsque ces eaux vitrioliques passent sur du sel gemme, elles se décomposent, & il se forme du sel de Glauber ; cette nouvelle eau minérale produit, par l'évaporation, du sel qui cristallise aisément, & qui tombe en efflorescence à l'air.

On trouve de l'eau qui a un parfum

femblable à celui de l'éther ; cette odeur eft très-fugace ; il y a auffi de l'eau qui a un goût femblable à celui de vin de Champagne piquant , l'odeur & le goût les font aifément reconnoître.

L'eau fur laquelle on trouve de l'huile de pétrole en a l'odeur & le goût , elle contient fouvent un foie de foufre volatil.

J'ai indiqué dans ces remarques les moyens de reconnoître les fubftances qu'on trouve quelquefois dans l'eau ; le pefe-liqueur a été employé par plufieurs Phyficiens , mais il n'indique que la pefanteur.

F I N.

EXTRAIT DES REGISTRES

DE L'ACADÉMIE ROYALE

DES SCIENCES,

Du 18 Décembre 1771.

MEffieurs DELASSONE & TILLET, qui avoient été nommés pour examiner des *Eléments de Minéralogie Docimaftique*, compofés par M. SAGE, en ayant fait leur rapport, l'Académie a jugé cet Ouvrage digne de l'impreffion : en foi de quoi j'ai figné le préfent Certificat. A Paris le 19 Décembre 1771.

Signé GRANDJEAN DE FOUCHY, Secrétaire perpétuel de l'Académie Royale des Sciences.

Le Privilege fe trouve à la fuite des Mémoires de l'Académie.

Table des cinq Matieres qui servent à Mineraliser les Substances metalliques.

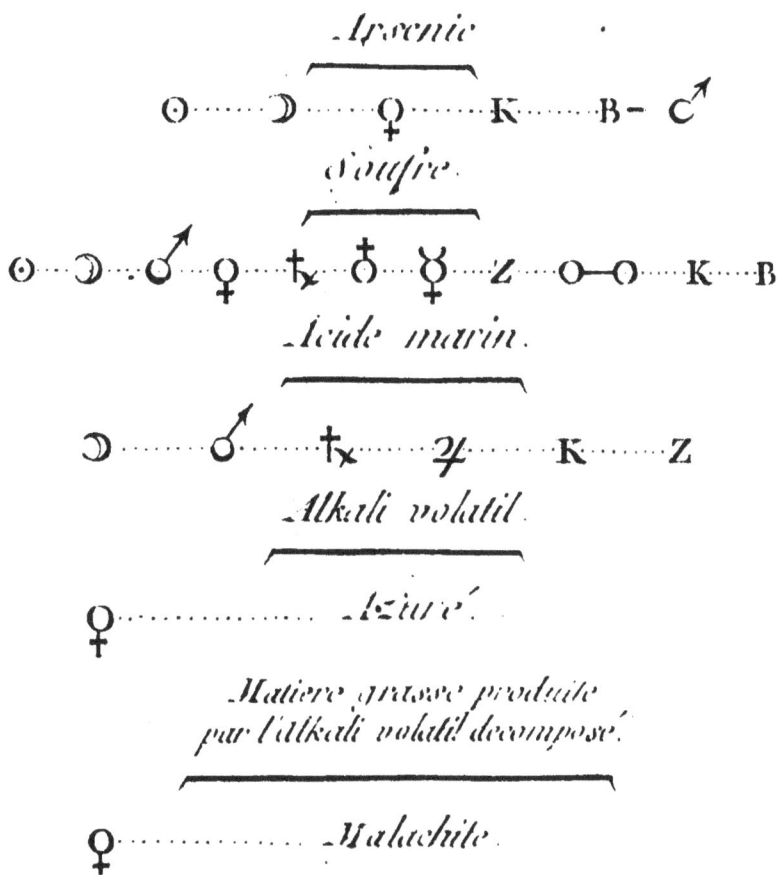

Arsenic

Soufre

Acide marin

Alkali volatil

Azuré

Matiere grasse produite par l'alkali volatil decomposé.

Malachite

☿ .... Antimoine.
☽ .... Argent.
o–o .... Arsenic.
B .... Bismuth.
K .... Cobalt.
♀ .... Cuivre.

♃ .... Etain.
♂ .... Fer.
☿ .... Mercure.
☉ .... Or.
♄ .... Plomb.
Z .... Zinc.

TABLE

ALPHABÉTIQUE

DES MATIERES

Contenues dans cet Ouvrage.

A.

dans les interstices des cristaux de la mine d'antimoine spéculaire, en mammelons, ou en petits
cristaux striés ; cette mine est très - fragile ;
réduite en poudre . elle ressemble au rouge
d'Angleterre ; mise sur des charbons ardens, elle
brule & répand des vapeurs d'acide sulphureux.

On doit regarder cette mine d'antimoine rouge
comme un soufre doré natif.

Le soufre doré d'antimoine qu'on obtient en su-
blimant ensemble du sel ammoniac & de l'antimoine a une couleur semblable & les mémes propriétés.

Ces deux especes de mines d'antimoine m'ont été
données par M. Varénne de Beost ; mes Élémens
étoient imprimés lorsque j'en ai fait les essais , j'ai
mieux aimé les placer dans cette Table que de n'en
point parler.

B.

R iv

exposés au feu se vitrifient , excepté le rubis & la chrysolithe , 122. Ils contiennent presque tous du fer , quelques-uns du cobalt , 123. Basalte feuilleté de Coëtanos en Bretagne , m'a été donné par M le Chevalier d'Arcy, 117. Pierre de touche , 120, 121. Pierre de colonnes , 117 & suiv.

Beurre d'antimoine se décompose par l'eau. 183.

Beurre de bismuth ; 185.

Beurre de zinc se prépare avec le sel ammoniac & le zinc, 171 Voyez dans les Mém. de l'Acad. Royale des Sciences 1770 l'analyse de la pierre calaminaire.

Bismuth vierge , 186. Se trouve minéralisé par le soufre, 183 , 186. Par l'arsenic , 187.

Bitumes , substances fossiles inflammables , produites par la matiere grasse qui se trouve dans les eaux meres des sels , 35. Les pierres & les terres qui forment les continents étant des sels , la matiere grasse produite par leurs eaux meres s'est infiltrée dans les substances poreuses ; l'acide qu'elle contient en s'unissant au phlogistique l'a colorée & lui a donné une odeur qui leur est propre ; la difficulté que les bitumes ont à se dissoudre dans l'esprit-de-vin , provient de ce que la matiere grasse qui leur a donné naissance est analogue aux huiles grasses.

Bitume de Judée , asphalte, 32.

Blanc d'Espagne , terre calcaire , 40.

Blende , zinc minéralisé par le soufre : elle contient du cobalt, du fer & de la terre absorbante , 171.

Bleu de Montagne , cuivre coloré par de l'alkali volatil , 224.

Bleu de Prusse , terre martiale colorée par l'acide phosphorique & une matiere grasse , 195.

Bol , argille, terre glaise , 71. Bol d'Arménie , 74.

Borax , sel phosphorique avec excès d'alkali , 22.

Borax brut , 24. Purifié , 25. Moyen de le préparer , 23. Voyez *Alessio Piemontese di Secreti libro sesto ,* p. 141. *à raffinare & rifare la Borace.*

Brevet , terme usité chez les Teinturiers , préparation propre à teindre , 159.

Bronze , cuivre jaune coloré par le vernis gras , 217.

M

Fin de la Table des Matieres.

ERRATA.

Page 11, *ligne* 23, viƈtriolique, *liſez* vitriolique.

Pag. 13, *ligne* 21, d'occaſion, *liſ.* occaſion.

Pag. 15, *lig.* 17, ſalpeſtre, *liſ.* ſalpêtre.

Pag. 49, *lig.* 1, Derbyhire, *liſ.* Derbyshire.

Pag. 64, *lig.* 25, compoſée, *liſ.* compoſë.

Pag. 67, *lig.* 17, Fecherolles, *liſ.* Feucherolles.

Pag. 132, *lig.* 19, Cronſted, *liſ.* Cronſtedt.

Page 155, *ligne* 14, ſont, *liſez* ſon.

Pag. 217, *lig.* 1, emenſtrue, *liſ.* ou menſtrue.